"十四五"职业教育国家规划教材

化工安全与职业健康

第二版

何秀娟 徐晓强 主编　　左 丹 副主编

化学工业出版社

·北京·

内 容 简 介

《化工安全与职业健康》第二版是为了适用于高等职业教育培养高技能人才的目标，以"工学结合"为出发点，以德国项目化教学法为依托，结合石油化工技术、应用化工技术专业课程体系改革进行编写。本教材采用案例引入、项目引领、任务驱动的编写理念，从培养技术应用型人才的目的出发，系统性地介绍了化工生产中常见的危险因素及其预防措施，强调了化工行业的职业卫生与劳动保护。本教材共八个项目，内容涉及危险化学品、化工安全管理、防火防爆技术、工业防毒、电气安全、化工装置安全检修、职业卫生与劳动保护及应急处理等化工安全知识。教材融入了我国过去十年在安全领域的新标准、新规范、新要求，引导学生树立以人为本、安全生产、生命至上的安全理念，深入贯彻了党的二十大精神。本书采用二维码的形式引入 15 个数字资源，丰富了教材的内容。

本书既可作为高等职业院校化工类、石化类、生化类、制药类、材料类、安全与环保类等专业的专业基础课教材，也可作为化工类企业在职人员、安全与环保监督管理人员的培训和学习材料。

图书在版编目（CIP）数据

化工安全与职业健康/何秀娟，徐晓强主编；左丹副主编．—2 版．—北京：化学工业出版社，2022.1
（2025.2重印）
"十三五"职业教育国家规划教材
ISBN 978-7-122-40721-4

Ⅰ.①化… Ⅱ.①何…②徐…③左… Ⅲ.①化工安全-安全技术-高等职业教育-教材②化学工业-职业病-健康教育-高等职业教育-教材 Ⅳ.①TQ086②R135

中国版本图书馆 CIP 数据核字（2022）第 023401 号

责任编辑：王海燕　满悦芝　　　　　　装帧设计：刘丽华
责任校对：李雨晴

出版发行：化学工业出版社（北京市东城区青年湖南街 13 号　邮政编码 100011）
印　　装：河北延风印务有限公司
787mm×1092mm　1/16　印张 10¼　字数 229 千字　2025 年 2 月北京第 2 版第 5 次印刷

购书咨询：010-64518888　　售后服务：010-64518899
网　　址：http://www.cip.com.cn

凡购买本书，如有缺损质量问题，本社销售中心负责调换。

定　价：35.00 元　　　　　　　　　　　　　　　　　　　版权所有　违者必究

前　言

本教材自 2018 年出版以来，受到了广大高职院校师生的欢迎，被评为"十三五"职业教育国家规划教材、"十四五"职业教育国家规划教材。教材第一版出版后，编者收到了广大师生针对教材内容提出的一些想法和建议，本次结合师生的使用反馈以及与教材内容相关的部分法律法规及标准的更新，编者对教材进行了修订。

在本次教材修订中，内容增减始终以高职化工类专业培养方案中对学生应具备的安全意识与能力要求为依据，充分考虑化工安全与职业健康课程教学大纲的要求，并结合高职教育的特点，在基本保留前版内容框架的基础上，对相关内容进行了修订。本次教材修订的主要特点是：对第一版教材的案例进行了更新，删除了第一版教材中的部分年代较久远的非典型事故案例，增加了近年来石油化工行业的典型事故案例，并在案例后添加事故警示同时渗透思政要素；根据教学方式的变化，通过二维码的形式补充了数字资源，打造"立体化"教材，能有效提高学习者的安全生产意识，激发学习者主动提高安全生产能力的兴趣；根据企业安全突发事故应急处置的要求，在上一版的基础上增加了项目八的内容；结合国家法律法规及标准的变化，对教材的相关内容进行了删减与修改，使之更贴合化工安全生产实际对从业人员安全知识与能力的要求。学生在学习知识的同时，不断提高自身的素养，增强社会责任感，自觉树立安全意识，养成良好的职业安全习惯。

在本次教材修订中，深入贯彻党的二十大精神中提到的"把维护国家安全贯穿党和国家工作各方面全过程，确保国家安全和社会稳定"。强调化工生产的每个环节的细微之处都是保障安全生产的必要措施，给学生树立始终坚持生命至上的安全理念。

本教材共八个项目。内容注重"理实一体化"，注重实践经验的总结，层次清晰、内容全面、重点突出，具有较强的系统性、实用性、操作性。

本教材由何秀娟、徐晓强主编，左丹副主编。其中项目一由晋城职业技术学院吉晋兰编写；项目二、项目三、项目四、项目五由盘锦职业技术学院何秀娟编写；项目六、项目八由盘锦职业技术学院左丹编写；项目七由盘锦职业技术学院徐晓强、左丹编写；附录的安全相关法律法规部分由盘锦职业技术学院聂莉莎老师整理编写。本书由何秀娟负责统稿，盘锦北方沥青燃料有限公司金凤革负责主审，盘锦职业技术学院冯凌参与部分内容审稿。文中的视频由何秀娟、吉晋兰和晋城职业技术学院毛倩提供，盘锦职业技术学院刘健、湖南石油化工职业技术学院薛金召参与部分资料整理。

本书的编写还得到了盘锦北方沥青燃料有限公司有关工程技术人员的大力支持，在此表示感谢！

由于编者水平有限，书中难免存在不当之处，恳请广大读者批评指正。

编　者

第一版前言

50年前，全世界对于化学品和化工生产过程可能产生的危害还认知较少。现如今，化学品的年产量已超亿吨，在市场上流通的化学品近十万种，每年还有千余种新化学品问世。化学工业的发展极大地改善了现代人的生活，为人类的基本生活要求提供了有效保障。

但是，化工生产中处理的物料往往具有易燃易爆、强腐蚀性和有毒有害等特点，化工生产工艺复杂多变，化工生产装置日趋大型化、过程连续化，一旦发生事故，往往对所在地区的国民经济和人民安全带来极大的威胁，对自然资源和生态环境造成了巨大的影响。因此化工安全成为化工行业的重中之重，已经引起世界各国的高度重视。在每个化工企业都会看到"安全第一、预防为主、综合治理"的方针，这体现了企业对安全生产的重视以及安全在化工生产活动中的重要地位。

本教材由企业专家和学院教师共同编写，从培养技术应用型人才的目的出发，力求做到理论和实际相结合，采用项目引领、任务驱动、案例引入的教材编写理念，内容力求简明扼要，注重实用性。

本教材以案例引入—任务导入—知识准备—任务实施—案例分析等形式编写而成，每项学习任务都有明确的学习目标，每项学习任务都配有课外作业和应用能力训练的项目，介绍相关案例及安全事故防范与应急处理的技术技能。本书既可作为高职院校化工类、石化类、生化类、制药类、材料类、安全与环保类等专业的专业基础课或专业方向课教材，也可用于化工类企业在职人员、安全与环保监督管理人员的培训和学习。教师可根据各专业培养目标或具体情况，灵活选用学习内容，编排多种教学方案。

本教材共七个项目。内容注重理实一体化教学，注重实践经验的总结，层次清晰、内容全面、重点突出，具有较强的系统性、实用性，操作性强。

全书由何秀娟、徐晓强主编，左丹副主编。其中项目一、项目二、项目三、项目四、项目五、项目六由盘锦职业技术学院何秀娟编写，项目七由盘锦职业技术学院徐晓强、左丹编写，附录的安全相关法律法规部分由盘锦职业技术学院聂莉莎整理编写。本书最后由何秀娟负责统稿，化工企业杨柏、盘锦职业技术学院聂莉莎负责主审，盘锦职业技术学院冯凌参与部分内容审稿。

本书的编写还得到了盘锦北方沥青燃料有限公司有关工程技术人员的大力支持，在此表示感谢！

由于编者水平有限、时间仓促，书中难免存在不当之处，恳请广大读者批评指正。

编者
2018 年 6 月

目 录

项目一 危险化学品 ... 1

任务一 危险化学品的分类 ... 1
【案例引入】 ... 1
【任务导入】 ... 1
【知识准备】 ... 2
  一、危险化学品的分类 ... 2
  二、危险化学品造成化学事故的主要特性 ... 4
  三、影响危险化学品危险性的主要因素 ... 4
【任务实施】 ... 6

任务二 危险化学品的标识 ... 7
【案例引入】 ... 7
【任务导入】 ... 7
【知识准备】 ... 7
  一、安全色标 ... 7
  二、安全色与对比色的相间条纹 ... 8
  三、安全标志 ... 8
  四、安全周知卡 ... 10
  五、认识危险化学品的标志 ... 12
【任务实施】 ... 16

任务三 危险化学品的储存和运输 ... 16
【案例引入】 ... 16
【任务导入】 ... 17
【知识准备】 ... 17
  一、危险化学品运输的配装原则 ... 17
  二、危险化学品运输安全事项 ... 17
  三、危险化学品运输的安全要求 ... 18
  四、危险化学品储存的安全要求 ... 20
  五、危险化学品分类储存的安全要求 ... 21
【任务实施】 ... 24

项目二 化工安全管理 ... 25

任务一 安全管理方法分析 ... 25

【案例引入】	25
【任务导入】	26
【知识准备】	26
一、安全管理的定义	26
二、安全管理与企业管理	27
三、安全管理的基本内容	27
四、现代安全管理的基本特征	27
五、危险化学品安全生产的特点	28
六、危险化学品安全生产的现状与对策	29
七、加强危险化学品安全管理的重要意义	30
【案例分析】	30

任务二 化工企业安全生产管理制度及禁令的认知

【案例引入】	32
【任务导入】	32
【知识准备】	32
一、安全生产责任制	32
二、安全教育	33
三、安全检查	34
四、安全技术措施计划	35
五、生产安全事故的调查与处理	37
六、化工企业安全生产禁令	38
【任务实施】	39

任务三 企业安全文化的建设

【案例引入】	40
【任务导入】	40
【知识准备】	40
一、企业安全文化建设的内涵	40
二、企业安全文化建设的必要性和重要性	41
三、企业安全文化建设过程中应注意的问题	41
四、危险化学品生产单位安全标准化管理	43
五、危险化学品安全生产相关法律法规及标准	45
【任务实施】	46

项目三 防火防爆技术 ... 47

任务一 燃烧和爆炸的识别

【案例引入】	47
【任务导入】	47
【知识准备】	47
一、燃烧的基础知识	47
二、爆炸的基础知识	51

【任务实施】 …… 54
　任务二　消防安全技能的运用 …… 55
　　【案例引入】 …… 55
　　【任务导入】 …… 55
　　【知识准备】 …… 55
　　　一、灭火方法及其原理 …… 55
　　　二、灭火剂和灭火器 …… 56
　　　三、灭火器的设置要求 …… 57
　　　四、常用灭火剂及其使用选择 …… 58
　　【任务实施】 …… 60
　任务三　火灾扑救的方法 …… 61
　　【案例引入】 …… 61
　　【任务导入】 …… 61
　　【知识准备】 …… 61
　　　一、常见初起火灾的扑救方法 …… 61
　　　二、发生火灾时的报火警方法 …… 63
　　【任务实施】 …… 63

项目四　工业防毒 …… 64

　任务一　工业毒物的分类 …… 64
　　【案例引入】 …… 64
　　【任务导入】 …… 64
　　【知识准备】 …… 65
　　　一、工业毒物及其分类 …… 65
　　　二、工业毒物的毒性 …… 66
　　　三、工作场所空气中有害因素职业接触限值及其应用 …… 68
　　【任务实施】 …… 70
　任务二　综合防毒设施的使用 …… 71
　　【案例引入】 …… 71
　　【任务导入】 …… 71
　　【知识准备】 …… 71
　　　一、防毒技术措施 …… 71
　　　二、防毒管理教育措施 …… 72
　　　三、个体防护措施 …… 72
　　【任务实施】 …… 75
　任务三　急性中毒的现场救护 …… 76
　　【案例引入】 …… 76
　　【任务导入】 …… 77
　　【知识准备】 …… 77
　　　一、救护者的个人防护 …… 77

二、切断毒物来源 ·· 77
　　三、采取有效措施防止毒物继续侵入人体 ·· 77
　　四、促进生命器官功能恢复 ··· 78
　　五、及时解毒和促进毒物排出 ·· 78
　【任务实施】 ·· 78

项目五　电气安全 ·· 81
任务一　电气安全用具的使用 ·· 81
　【案例引入】 ·· 81
　【任务导入】 ·· 81
　【知识准备】 ·· 81
　　一、电击的伤害 ·· 82
　　二、电击方式 ··· 84
　　三、正确使用电气防护用具 ··· 85
　【任务实施】 ·· 87
任务二　触电急救 ··· 88
　【案例引入】 ·· 88
　【任务导入】 ·· 88
　【知识准备】 ·· 88
　　一、解脱电源 ··· 88
　　二、现场急救 ··· 89
　【任务实施】 ·· 91
任务三　电气火灾扑救及预防 ·· 92
　【案例引入】 ·· 92
　【任务导入】 ·· 92
　【知识准备】 ·· 92
　　一、电气火灾扑救 ··· 93
　　二、电气火灾预防 ··· 94
　【任务实施】 ·· 95

项目六　化工装置安全检修 ·· 96
任务一　化工装置检修的分类与识别 ··· 96
　【案例引入】 ·· 96
　【任务导入】 ·· 96
　【知识准备】 ·· 97
　【任务实施】 ·· 98
任务二　抽堵盲板作业 ··· 99
　【案例引入】 ·· 99
　【任务导入】 ·· 99
　【知识准备】 ·· 99

  一、需要设置盲板的部位 …… 99
  二、抽堵盲板的注意事项 …… 100
 【任务实施】 …… 100
 任务三 动火作业 …… 102
 【案例引入】 …… 102
 【任务导入】 …… 102
 【知识准备】 …… 102
  一、用火与防火安全管理内容 …… 102
  二、动火安全要点 …… 105
  三、动火作业安全要求 …… 106
 【任务实施】 …… 106
 任务四 受限空间作业 …… 108
 【案例引入】 …… 108
 【任务导入】 …… 108
 【知识准备】 …… 108
 【任务实施】 …… 110
 任务五 高处作业 …… 111
 【案例引入】 …… 111
 【任务导入】 …… 111
 【知识准备】 …… 111
  一、高处作业的危险 …… 111
  二、高处作业的一般安全要求 …… 112
 【任务实施】 …… 113

项目七 职业卫生与劳动保护 …… 114

 任务一 化工职业病的认知 …… 114
 【案例引入】 …… 114
 【任务导入】 …… 115
 【知识准备】 …… 115
  一、职业性危害因素 …… 115
  二、职业病的概念及其分类 …… 116
  三、生产性粉尘及肺尘埃沉着病 …… 117
  四、生产性毒物及职业中毒 …… 117
  五、物理性职业危害因素及所致职业病 …… 117
  六、职业性致癌因素和职业癌症 …… 118
  七、生物因素所致职业病 …… 118
  八、其他列入职业病目录的职业性疾病 …… 118
  九、与职业有关的疾病 …… 118
  十、女工的职业卫生问题 …… 119
 【任务实施】 …… 119

任务二　个体防护装备的管理与使用 ·· 119
　　【案例引入】 ··· 119
　　【任务导入】 ··· 120
　　【知识准备】 ··· 120
　　　　一、个体防护装备的概念及范畴 ··· 120
　　　　二、个体防护装备的特点 ··· 120
　　　　三、个体防护装备的作用 ··· 121
　　　　四、个体防护装备的分类 ··· 121
　　　　五、个体防护装备的使用与管理 ··· 121
　　　　六、特种个体防护装备的管理 ·· 121
　　【任务实施】 ··· 122

项目八　应急处理 ··· 123

　　任务一　现场应急处理 ·· 123
　　【案例引入】 ··· 123
　　【任务导入】 ··· 124
　　【知识准备】 ··· 124
　　　　一、应急处置基本术语 ·· 124
　　　　二、应急处置的原则 ··· 124
　　　　三、应急预案 ··· 124
　　　　四、应急处置的内容 ··· 125
　　　　五、应急过程 ··· 125
　　【任务实施】 ··· 126
　　任务二　现场急救技术 ·· 127
　　【案例引入】 ··· 127
　　【任务导入】 ··· 127
　　【知识准备】 ··· 127
　　　　一、现场急救要点 ·· 127
　　　　二、现场急救的常用方法 ··· 128
　　【任务实施】 ··· 131

附录 ··· 132

　　附录一　劳动者与用人单位在职业病防治中的相关常识 ································· 132
　　附录二　中华人民共和国安全生产法（2021年6月10日修正版） ··················· 134

参考文献 ·· 151

二维码数字资源一览表

序号	编码	名 称	资源类型	页码
1	M1-1	危险化学品分类	视频	2
2	M1-2	安全标志的类型	视频	8
3	M1-3	危险化学品的储存和运输	视频	17
4	M2-1	企业主体责任履行要点	视频	35
5	M2-2	燃烧爆炸案例分析	视频	43
6	M3-1	灭火剂的分类	视频	47
7	M3-2	电气火灾的扑救	视频	53
8	M4-1	空气呼吸器的使用方法	视频	64
9	M4-2	心肺复苏	视频	69
10	M5-1	正确使用电气防护用具	视频	76
11	M6-1	有限空间作业简介	视频	99
12	M6-2	高处作业的安全规范	视频	103
13	M7-1	职业病防治	视频	110
14	M7-2	个体防护用品的佩戴方法	视频	112
15		中华人民共和国职业病防治法（2018版）	文件	141

项目一

危险化学品

▶ 任务一 危险化学品的分类

案例引入

2007年8月6日上午9时许,肥城市某建筑安装工程公司罗某、张某2名工人在对肥城市甲化工有限公司煤气车间5#造气炉进行修补作业时,由于煤气炉四周炉壁内积存的煤气(一氧化碳)释出,导致2人一氧化碳中毒,造成1人死亡,1人受伤。施工队在未办理任何安全作业手续、未通知设备所在车间的情况下,安排施工人员进入5#造气炉底部耐火段进行修补作业,作业过程中,由于煤气炉四周炉壁渗透的一氧化碳释放,造成此次事故。

事故警示:广大生产经营单位要以此为鉴,严格落实安全生产主体责任,依法依规生产经营,全面开展安全隐患自查自改,建立健全安全生产责任制和安全生产管理制度。各地各部门要进一步加大安全生产执法检查力度,进一步强化安全生产高压监管态势,压实企业安全生产主体责任,减少安全生产违法行为,确保安全生产形势持续稳定向好。

任务导入

1. 能够对危险化品的安全标准进行分类。
2. 掌握影响危险化学品危险性的主要因素。

知识准备

一、危险化学品的分类

危险化学品（也称危险货物或危险品）是具有爆炸、易燃、毒害、腐蚀、放射性等危险特性，在运输、储存、生产、经营、使用和处置中，容易造成人身伤亡、财产损毁或环境污染而需要特别防护的物质和物品。

本书的危险化学品参照危险货物具有的危险性或最主要的危险性分为9个类别，即爆炸品；气体；易燃液体，易燃固体、易于自燃的物质、遇水放出易燃气体的物质；氧化性物质和有机过氧化物；毒性物质和感染性物质；放射性物质；腐蚀性物质；杂项危险性物质和物品，包括危害环境物质。具体的类别和分项如下所述。

第1类：爆炸品

爆炸品分为爆炸性物质和爆炸性物品。

爆炸性物质是指固体或液体物质（或物质混合物），自身能够通过化学反应产生气体，其温度、压力和速度高到能对周围造成破坏的物质。烟火物质即使不放出气体，也包括在内。

爆炸性物品是指含有一种或几种爆炸性物质的物品。

本类危险化学品包括以下6项：

第1项 有整体爆炸危险的物质和物品。整体爆炸是指瞬间能影响到几乎全部载荷的爆炸。

第2项 有迸射危险，但无整体爆炸危险的物质和物品。

第3项 有燃烧危险并有局部爆炸危险或局部迸射危险或这两种危险都有，但无整体爆炸危险的物质和物品。包括可产生大量热辐射的物质和物品，相继燃烧产生局部爆炸或迸射效应或两种效应兼而有之的物质和物品。

第4项 不呈现重大危险的物质和物品。包括运输中万一点燃或引发时仅造成较小危险的物质和物品。

第5项 有整体爆炸危险的非常不敏感物质。

第6项 无整体爆炸危险的极端不敏感物品。

第2类：气体

本类气体是指在50℃时蒸气压力大于300kPa的物质，或者20℃时在101.3kPa标准压力下完全是气态的物质。本类气体包括压缩气体、液化气体、溶解气体和冷冻液化气体、一种或多种气体与一种或多种其他类别物质的蒸气混合物、充有气体的物品和气雾剂。

本类危险化学品主要包含以下3项：

第1项 易燃气体。包括20℃时在101.3kPa条件下爆炸下限≤13%的气体；不论其爆炸下限如何，其爆炸极限（燃烧范围）≥12%的气体。

第2项 非易燃无毒气体。包括窒息性气体、氧化性气体以及不属于其他分项的气体。

第3项 毒性气体。包括其毒性或腐蚀性对人类健康造成危害的气体，急性半数致死

浓度 LC_{50} 值 $\leqslant 5000mL/m^3$ 的毒性或腐蚀性气体。

第 3 类：**易燃液体**

本类危险化学品包括易燃液体和液态退敏爆炸品。

易燃液体危险化学品是指在其闪点温度（其闭杯试验闪点不高于 60.5℃，或其开杯试验闪点不高于 65.6℃）时放出易燃蒸汽的液体或液体混合物，或是在溶液或悬浮液中含有固体的液体。还包括在温度等于或高于其闪点的条件下提交运输的液体。或以液态在高温条件下运输或提交运输、并在温度等于或低于最高运输温度下放出易燃蒸汽的物质。

液态退敏爆炸品是指为抑制爆炸性物质的爆炸性能，将爆炸性物质溶解或悬浮在水中或其他液态物质后，而形成的均匀液态混合物。

第 4 类：易燃固体、易于自燃的物质、遇水放出易燃气体的物质

易燃固体是指易于燃烧的固体和摩擦可能起火的固体。

易于自燃的物质是指自燃点低，在空气中易发生氧化反应，放出热量，可自行燃烧的物质。

遇水放出易燃气体的物质是指遇水放出易燃气体，且该气体与空气混合能够形成爆炸性混合物的物质。

本类危险化学品包括以下 3 项：

第 1 项　易燃固体、自反应物质和固态退敏爆炸品。

第 2 项　易于自燃的物质。包括发火物质（少量与空气接触，5min 内便燃烧的物质）和自热物质（发火物质以外与空气接触便能自己发热的物质）。

第 3 项　遇水放出易燃气体的物质。

第 5 类：**氧化性物质和有机过氧化物**

氧化性物质是指本身未必燃烧，但通常因放出氧可能引起或促使其他物质燃烧的物质。

有机过氧化物是指含有二价过氧基结构的有机物质。

本类危险化学品包括以下 2 项：

第 1 项　氧化性物质。

第 2 项　有机过氧化物。

第 6 类：**毒性物质和感染性物质**

毒性物质是经吞食、吸入或与皮肤接触后可能造成死亡或严重受伤或损害人类健康的物质。

感染性物质是指已知或有理由认为含有病原体的物质。

本类危险化学品包括以下 2 项：

第 1 项　毒性物质。包括满足下列条件之一的物质：

 a. 急性口服毒性：$LD_{50} \leqslant 300mg/kg$；

 b. 急性皮肤接触毒性：$LD_{50} \leqslant 1000mg/kg$；

 c. 急性吸入粉尘和烟雾毒性：$LC_{50} \leqslant 4mg/L$；

 d. 急性吸入蒸气毒性：$LC_{50} \leqslant 5000mg/m^3$，且在 20℃ 和标准大气压力下的饱和蒸气浓度 $\geqslant 1/5\ LC_{50}$。

第 2 项　感染性物质。感染性物质分为 A 类和 B 类，A 类物质是指以某种形式运输

的感染性物质，在与之发生接触时，可造成健康的人或动物永久性失残、生命危险或致命疾病的物质；B 类物质是指 A 类物质以外的感染性物质。

第 7 类：放射性物质

放射性物质是任何含有放射性核素并且其活度浓度和放射性总活度都超过 GB 11806《放射性物质安全运输规程》规定限值的物质。

第 8 类：腐蚀性物质

腐蚀性物质是指通过化学作用使生物组织接触时造成严重损伤或在渗漏时会严重损害甚至毁坏其他货物或运载工具的物质。

第 9 类：杂项危险性物质和物品，包括危害环境物质

本类危险化学品是指存在危险但不能满足其他类别定义的物质和物品。

需要注意的是：文字涉及的类别和分项的号码顺序并不是危险程度的顺序。

二、危险化学品造成化学事故的主要特性

危险化学品之所以有危险性、能引起事故甚至灾难性事故，与其本身的特性有关。主要特性如下所述。

1. 易燃易爆性

易燃易爆的化学品在常温常压下，经撞击、摩擦、热源、火花等火源的作用，能发生燃烧与爆炸。

燃烧爆炸的能力大小取决于这类物质的化学组成。化学组成决定着化学物质的燃点、闪点的高低、燃烧范围、爆炸极限、燃速、发热量等。

2. 扩散性

化学事故中化学物质溢出，可以向周围扩散，比空气轻的可燃气体可在空气中迅速扩散，与空气形成混合物，随风飘荡，致使燃烧、爆炸与毒害蔓延扩大。比空气重的物质多漂流于地表、沟、角落等各处，可长时间积聚不散，造成迟发性燃烧、爆炸和引起人员中毒。

3. 突发性

化学物质引发的事故，多是突然爆发，在很短的时间内或瞬间即产生危害。一般的火灾要经过起火、蔓延扩大到猛烈燃烧几个阶段，需经历几分钟到几十分钟。而化学危险物品一旦起火，往往是轰然而起，迅速蔓延，燃烧、爆炸交替发生，加之有毒物质的弥散，迅速产生危害。许多化学事故是高压气体从容器、管道、塔、槽等设备泄漏，由于高压气体的性质，短时间内喷出大量气体，使大片地区迅速变成污染区。

4. 毒害性

有毒的化学物质，不论是脂溶性的还是水溶性的，都有进入机体与损坏机体正常功能的能力。这些化学物质通过一种或多种途径进入机体达一定量时，便会引起机体结构的损伤。破坏正常的生理功能，引起中毒。

三、影响危险化学品危险性的主要因素

化学物质的物理、化学性质与状态可以说明其物理危险性和化学危险性。如气体、蒸气的密度可以说明该物质可能沿地面流动或者上升到上层空间，加热、燃烧、聚合等可使

某些化学物质发生化学反应引起爆炸或产生有毒气体。

1. 物理性质与危险性的关系

（1）沸点　在101.3kPa大气压下，物质由液态转变为气态的温度。沸点越低的物质，气化越快，易迅速造成事故现场空气的高浓度污染，且越易达到爆炸极限。

（2）熔点　物质在标准大气压（101.3kPa）下的溶解温度或温度范围，熔点反映物质的纯度，可以推断出该物质在各种环境介质（水、土壤、空气）中的分布。熔点的高低与污染现场的洗消、污染物处理有关。

（3）相对密度　在环境温度（20℃）下，物质的密度与4℃时水的密度的比值即为相对密度，它是表示该物质是漂浮在水面上还是沉下去的重要参数。当相对密度小于1的液体发生火灾时，用水灭火将是无效的，因为水将沉至燃烧液面的下方，消防水甚至可以由于其流动性导致火灾蔓延到远处。

（4）蒸气压　饱和蒸气压的简称，指化学物质在一定温度下与其液体或固体相互平衡时的饱和蒸气的压力。蒸气压是温度的函数，在一定温度下，每种物质的饱和蒸气压可认为是一个常数。发生事故时的气温越高，化学物质的蒸气压越高，其在空气中的浓度相应增大。

（5）蒸气相对密度　指在给定条件下化学物质的蒸气密度与参比物质（空气）密度的比值。当蒸气相对密度值小于1时，表示该蒸气比空气轻，能在相对稳定的大气中趋于上升。在密闭的房间里，轻的气体趋向天花板移动或自敞开的窗户逸出房间。其值大于1时，表示重于空气，泄漏后趋向于集中接近地面，能在较低处扩散到相当远的距离。若气体可燃，遇明火可能引起远处着火回燃。如果释放出来的蒸气是相对密度小的可燃气体，可能累积在建筑物的上层空间，引起爆炸。常见气体的蒸气相对密度见表1-1。

表1-1　常见气体的蒸气相对密度

气体	蒸气相对密度	气体	蒸气相对密度
氢	0.07	硫化氢	1.18
甲烷	0.553	氯化氢	1.26
氨	0.589	氟	1.32
乙炔	0.899	二氧化碳	1.52
氰化氢	0.938	丙烷	1.52
一氧化碳	0.969	臭氧	1.66
氮	0.969	二氧化硫	2.22
氧	1.11	氯	2.46

（6）蒸气/空气混合物的相对密度（20℃）　指在与敞口空气相接触的液体或固体上方存在的蒸气与空气混合物相对于周围纯空气的密度。当相对密度值≥1.1时，该混合物可能沿地面流动，并可能在低洼处积累。当其数值为0.9～1.1时，能与周围空气快速混合。

（7）闪点　闪点表示在大气压力（101.3kPa）下，一种液体表面上方释放出的可燃蒸气与空气完全混合后，可以闪燃5s的最低温度。闪点是判断可燃性液体蒸气由于外界明火而发生闪燃的依据。闪点越低的化学物质泄出后，越易在空气中形成爆炸混合物，引起燃烧与爆炸。

(8) 自燃温度　一种物质与空气接触发生起火或引起自燃的最低温度并且在此温度下无火源（火焰或火花）时，物质可继续燃烧。自燃温度不仅取决于物质的化学性质，而且还与物料的大小、形状和性质等因素有关。自燃温度对在可能存在爆炸性蒸气/空气混合物的空间中使用的电气设备的选择是重要的，对生产工艺温度的选择亦是至关重要的。

(9) 爆炸极限　指一种可燃气体或蒸气与空气的混合物能着火或引燃爆炸的浓度范围。空气中含有可燃气体（如氢、一氧化碳、甲烷等）或蒸气（如乙醇蒸气、苯蒸气）时，在一定浓度范围内，遇到火花就会使火焰蔓延而发生爆炸。其最低浓度称为爆炸下限，最高浓度称为爆炸上限，浓度低于或高于这一范围，都不会发生爆炸。一般用可燃气体或蒸气在混合物中的体积百分数表示。

(10) 临界温度与临界压力　气体在加温加压下可变为液体，压入高压钢瓶或储罐中，能够使气体液化的最高温度称为临界温度，在临界温度下使其液化所需的最低压力称为临界压力。

2. 其他物理、化学危险性

电导率小于 10^4pS/m 的液体在流动、搅动时可产生静电，引起火灾与爆炸，如泵吸、搅拌、过滤等。如果该液体中含有其他液体、气体或固体颗粒物（混合物、悬浮物）时，这种情况更容易发生。

有的化学可燃物质，呈粉末或微细颗粒物（直径小于 0.5mm）状时，与空气充分混合，经引燃可能发生燃爆，在封闭空间中，爆炸可能很猛烈。

有些化学物质在储存时生成过氧化物，蒸发或加热后的残渣可能自燃爆炸，如醚类化合物。

聚合是一种物质的分子结合成大分子的化学反应。聚合反应通常放出较大的热量，使温度急剧升高，反应速率加快，有着火或爆炸的危险。

有些化学物质加热可能引起猛烈燃烧或爆炸。如自身受热或局部受热时发生反应。这将导致燃烧，在封闭空间内可能导致猛烈爆炸。

有些化学物质在与其他物质混合或燃烧时，产生有毒气体释放到空间，例如几乎所有有机物的燃烧都会产生 CO 有毒气体。还有一些气体本身无毒，但大量充满在封闭空间，造成空气中氧含量减少而导致人员窒息。

强酸、强碱在与其他物质接触时常发生剧烈反应，产生侵蚀等作用。

3. 中毒危险性

在突发的化学事故中，如果有毒化学物质能引起人员中毒，其危险性就会大大增加。有关化学物质的毒性作用见本书项目四部分的内容。

任务实施

1. 列举入学以来所学的危险化学品（包括实验室及实训室内的化学品）。

2. 根据其危险性将物质分类，例如腐蚀性、易燃性等。
3. 按下表进行任务评估。

个人评估	
小组评估	
教师评估	

4. 学生根据任务实施情况提出改进意见。
5. 教师结合学生提出的改进意见共同完善任务。

任务二　危险化学品的标识

　　2021年7月9日，苍南县应急管理局对温州某建材有限公司进行检查时，发现该公司在未取得危险化学品经营许可证的情况下从事危险化学品经营活动。经核查，该公司非法经营危险化学品，违法所得共计5479元。其行为违反了《危险化学品安全管理条例》中"未经许可，任何单位和个人不得经营危险化学品"之规定。7月20日，苍南县应急管理局依法对该公司作出"责令停止经营活动，没收违法经营危险化学品800kg以及违法所得5479元，并处罚款10.2万元"的行政处罚。

　　事故警示：企业安全生产主体责任严重不落实，有关行业协会未如实开展安全生产标准化建设等级评定工作，有关地方党委政府安全发展理念树立不牢固，安全生产领导责任落实不到位。

认识安全标志及危险化学品标志。

一、安全色标

　　安全色标是特定的表达安全信息含义的颜色和标志。它以形象而醒目的信息语言向人们提供表达禁止、警告、指令、提示等安全信息。

　　安全色就是根据颜色给予人们不同的感受而确定的。由于安全色是表达"禁止""警告""指令"和"提示"等安全信息含义的颜色，所以要求容易辨认和引人注目。

　　我国国家标准《安全色》（GB 2893—2008）中规定红、蓝、黄、绿四种颜色为安全

色,这四种颜色的特性如下:

① 红色。红色很醒目,使人们在心理上会产生兴奋感和刺激性。红色光光波较长,不易被尘雾所散射,在较远的地方也容易辨认,即红色的注目性非常高,视认性也很好,所以用其表示危险、禁止和紧急停止的信号。

② 蓝色。蓝色的注目性和视认性虽然都不太好,但与白色相配合使用效果不错,特别是在太阳光直射的情况下较明显。因而被选用为指令标志的颜色。

③ 黄色。黄色对人眼能产生比红色更高的明度,黄色与黑色组成的条纹是视认性最高的色彩,特别能引起人们的注意,所以被选用为警告色。

④ 绿色。绿色的视认性和注目性虽然不高,但绿色是新鲜、年轻、青春的象征,具有和平、永远、生长、安全等心理效应,所以用绿色提示安全信息。

各安全色的含义及用途见表 1-2。

表 1-2　安全色的含义及用途

颜色	含义	用途举例
红色	禁止 停止	禁止标志、停止信号:机器、车辆上的紧急停止手柄或按钮,以及禁止人们触动的部位 红色也表示防火
蓝色	指令 必须遵守	指令标志;如必须佩戴防护用具,道路上指引车辆和行人行驶方向的指令
黄色	警告 注意	警告标志 警戒标志:如厂内危险机器和坑池周围引起注意的警戒线 行车道中线 机械上齿轮箱内部 安全帽
绿色	安全 通行	提示标志 车间内的安全通道 行人和车辆通行标志 消防设备和其他安全防护设备的位置

二、安全色与对比色的相间条纹

对比色是使安全色更加醒目的反衬色,包括黑色和白色。安全色与对比色的相间条纹的标志及其代表的含义见表 1-3。

三、安全标志

M1-2 安全标志的类型

安全标识通常指安全标志和安全标签。安全标志是由安全色、几何图形和形象的图形符号构成,用以表达特定的安全信息。安全标志是一种国际通用的信息。

安全标志分禁止标志、警告标志、指令标志、提示标志,标志的类型及含义见表 1-4。

表1-3　安全色与对比色相间条纹的标志及含义

颜色	含义	标志
白色与红色	白色和红色相间条纹的含义是禁止通过。如交通、公路上用的防护栏杆	
黑色与黄色	黑色与黄色相间条纹的含义是警告、危险。如工矿企业内部的防护栏杆、吊车吊钩的滑轮架、铁路和公路交叉道口上的防护栏杆	

表1-4　安全标志的类型及含义

标志类型	标志	含义
禁止标志		禁止人们不安全行为;其基本形式为带斜杠的圆形框。圆形和斜杠为红色,图形符号为黑色,衬底为白色
警告标志		提醒人们对周围环境引起注意,以避免可能发生的危险;其基本形式是正三角形边框。三角形边框及图形符号为黑色,衬底为黄色

续表

标志类型	标志	含 义
指令标志		强制人们必须做出某种动作或采用防范措施；其基本形式是圆形边框。图形符号为白色，衬底色为蓝色
提示标志		向人们提供某种信息（如标明安全设施或场所等）。其基本形式是正方形边框。图形符号为白色，衬底色为绿色

四、安全周知卡

常用危险化学品安全周知卡用文字、图形符号和数字及字母的组合形式表示该危险化学品所具有的危险性、安全使用的注意事项、现场急救措施和防护的基本要求。危险化学品安全周知卡包含以下内容。

1. 危险性提示词

根据化学品的危险性进行提示。危险提示词包括爆炸、易燃、自燃、剧毒、有毒、有害、腐蚀、刺激、窒息、致癌、致敏、放射等。当某种化学品具有一种以上危险性时，按危险性程度依次排列，提示词不超过 3 个，并与危险性标志相对应。提示词要醒目、清晰，位于安全周知卡的左上方。

2. 化学品标识

（1）名称　用中文和英文分别标明化学品的商品名称。中文名称要求醒目、清晰，置于安全周知卡的上方正中处，英文名称居中文名称的左上方。

（2）分子式　用元素符号表示危险化学品的分子式，居中文名称的正下方。

（3）辅助识别码　辅助识别码按规定选用，CC 码（中国化学品登记编码）居中文名称的正下方，CAS 码（美国化学文摘化学品代码）居中文名称的正下方。

3. 危险性标志

（1）种类　根据常用危险化学品的危险特性和类别，按照 GB 190—2009《危险货物包装标志》的要求制作和印刷常用危险化学品安全周知卡所需的危险性标志。标志采用菱形，上方为危险性的图示，下方为危险性的文字叙述。

（2）使用方法　一种标志对应一个类别或一种危险性。当一种化学品具有一种以上的危险性时，标志应同危险性保持一致。危险性主次按上、左、右的次序排列。危险性标志居安全周知卡的右上方，每种化学品最多可选用 3 个标志。

4. 危险性理化数据

危险性理化数据是指根据危险化学品的危险特性，所列出的相应的理化数据。包括闪点、燃点、爆炸极限、沸点、相对密度、蒸气压等。

5. 危险特性

危险特性是指按照 GB 13690—2009《化学品分类和危险性公示 通则》的有关规定，确认危险化学品。

6. 接触后表现

接触后表现是指危险化学品与肌体接触后，特别是在意外事故发生时（如吸入、皮肤接触、经口等），产生的急性、慢性症状和体征。

7. 现场急救措施

现场急救措施是指在工作场所发生意外，人体受到危险化学品伤害时，在就医之前所采取的自救或互救的简单有效的救护措施。

8. 个体防护措施

根据在危险化学品生产、使用、贮存等作业中所必须采取的个体防护要求，采用相应的个体防护标志。危险化学品防护标志采用圆形，标志正中为防护图示，标志下方为防护的文字叙述。根据具体化学危险品的危险特性，有针对性地选用相应的标志，填入"个体防护措施"一栏中。

9. 泄漏处理及防火防爆措施

表述在工作场所中，危险化学品泄漏后所采取的最有效的消除方法和工人必须进行的个体防护措施。

泄漏处理及防火防爆措施采用三种标志：三角形为警告标志，圆形为禁止标志，正方形为提示标志。标志正中为图示，标志下方为文字叙述。根据具体化学品的危险特性，有针对性地选用相应的标志，填入"泄漏处理及防火防爆措施"一栏中。

10. 最高容许浓度

最高容许浓度是指作业场所空气中，危险化学品长期、分次、有代表性的采样监测，均不应超过规定。

11. 当地应急救援单位名称

当地应急救援单位名称要求由使用单位的安全专业技术人员填写当地应急救援单位及消防部门的全称，不得缩写或简写。

12. 当地应急救援电话

当地应急救援电话要求由使用单位的安全专业技术人员完整填写当地应急救援单位及消防部门的电话。

生产中的安全周知卡如图 1-1 所示。

危险化学品安全周知卡

危险性类别	品名、英文名及分子式、CC码及CAS码		危险性标志
腐 蚀	硫酸 Sulfuric acid H_2SO_4 CAS号：7664-93-9		腐蚀品

危险性理化数据	危险特性
熔点/℃:10.5 沸点/℃:330 相对密度(水=1):1.83 饱和蒸气压/kPa:0.13(145.8℃)	遇水爆溅；遇H发泡剂会引起燃烧；遇易燃物和有机物会引起燃烧；遇氰化物会产生剧毒气体；有强腐蚀性；有毒或其蒸气有毒；有吸湿性；有强氧化性。

接触后表现	现场急救措施
对皮肤、黏膜等组织有强烈的刺激和腐蚀作用。口服后引起消化道烧伤以致溃疡形成；皮肤灼伤轻者出现红斑，重者形成溃疡；溅入眼内可造成灼伤，甚至角膜穿孔、全眼炎以至失明。 慢性影响：牙齿酸蚀症、慢性支气管炎、肺气肿和肺硬化。	皮肤接触：立即脱去所污染的衣服，用大量流动清水冲洗至少15分钟；就医。 眼睛接触：立即提起眼睑，用大量流动清水或生理盐水彻底冲洗至少15分钟；就医。 吸入：迅速转移到空气新鲜处，给输氧，就医。 食入：误服者用水漱口，给饮牛奶或蛋清，就医。

个体防护措施			
呼吸器	防腐服	胶手套	防护眼镜

泄漏应急处理
迅速撤离泄漏污染区人员至安全区，并进行隔离，严格限制出入。建议应急处理人员戴自给正压式呼吸器，穿防酸碱工作服。不要直接接触泄漏物。尽可能切断泄漏源。防止进入限制性空间。 小量泄漏：用砂土、干燥石灰或苏打灰混合。也可以用大量水冲洗，洗水放入废水系统。 大量泄漏：构筑围堤或挖坑收容，用泵转移到专用收集器内，回收或运至废物处理场所处理。

最高容许浓度	当地应急救援单位名称	当地应急救援单位电话
MAC/(mg/m³):2	消防中心 ××人民医院	消防中心：119 医院急救电话：120

图 1-1 硫酸安全周知卡

五、认识危险化学品的标志

危险化学品的类型及其标志见表 1-5。

表 1-5 危险化学品的类型及标志

序号	危险化学品的类型	标志
1	爆炸品	爆炸品

续表

序号	危险化学品的类型		标志
2	气体	易燃气体	易燃气体
		非易燃无毒气体	不燃气体
		毒性气体	有毒气体
3	易燃液体		易燃液体
4	易燃固体、易于自燃的物质、遇水放出易燃气体的物质	易燃固体	易燃固体

续表

序号	危险化学品的类型		标志
4	易燃固体、易于自燃的物质、遇水放出易燃气体的物质	易于自燃的物质	自燃物品
		遇水放出易燃气体的物质	遇湿易燃物品
5	氧化性物质和有机过氧化物	氧化性物质	氧化剂
		有机过氧化物	有机过氧化物

续表

序号	危险化学品的类型		标志
6	毒性物质和感染性物质	毒性物质	剧毒品
		感染性物质	感染性物品
7	放射性物质		一级放射性物品 I
8	腐蚀性物质		
9	杂项危险物质和物品		杂类

任务实施

1. 让学生对9类化学品进行分项并制作企业安全宣传板。
2. 请将在实验室、实训厂房、教学楼所见的标志绘制到下方表格中。

指令标志	禁止标志	警告标志	提示标志

3. 按下表进行任务评估。

个人评估	
小组评估	
教师评估	

4. 学生根据任务情况提出改进意见。
5. 教师结合学生提出的改进意见共同完善任务。

任务三　危险化学品的储存和运输

案例引入

2020年6月13日16时41分许,浙江省台州市温岭市境内沈海高速公路温岭段温岭西出口下匝道发生一起液化石油气运输槽罐车重大爆炸事故,共造成20人死亡,175人受伤,直接经济损失9470余万元。

事故警示:

① 企业安全生产主体责任严重不落实。

② 有关行业协会未如实开展安全生产标准化建设等级评定工作,未及时发现企业自评报告弄虚作假、监控人员配备不符合规定等问题,违规发放安全生产标准化建设等级证明,违规将年度核查评定为合格。

③ 事故路段匝道业主、施工、监理等单位在防撞护栏施工过程中未严格履行各自职责,防撞护栏搭接施工不符合标准规范和设计文件要求。

④ 安全发展理念树立不牢固,安全生产领导责任落实不到位。

任务导入

1. 了解危险物料储存、运输过程中注意的安全问题。
2. 掌握运输、存放、标志危险物料的规定、标志图示。

知识准备

危险化学品的储存和运输应严格按照《危险化学品安全管理条例》及相关的法律法规的要求执行。

一、危险化学品运输的配装原则

危险化学品的危险性各不相同，性质相抵触的物品相遇后往往会发生燃烧爆炸事故，而且发生火灾时使用的灭火剂和扑救方法也不完全一样。因此，为了保证装运中的安全，应遵守有关配装原则。

M1-3 危险化学品的储存和运输

包装要符合要求，运输应佩戴相应的劳动保护用品和配备必要的紧急处理工具。搬运时必须轻装轻卸，严禁撞击、震动和倒置。

二、危险化学品运输安全事项

1. 公路运输

汽车装运化学危险物品时，应悬挂运送危险货物的标志。在行驶、停车时要与其他车辆、高压线、人口稠密区、高大建筑物和重点文物保护区保持一定的安全距离，按当地公安机关指定的路线和规定的时间行驶。严禁超车、超速、超重，防止摩擦、冲击，车上应设置相应的安全防护设施。

2. 铁路运输

铁路是运输化工原料和产品的主要工具。通常对易燃、可燃液体采用槽车运输，装运其他危险货物使用篷车或专用危险品货车。

装卸易燃、可燃液体等危险物品的站台应该用非燃烧材料建造。站台每隔60m设安全梯，以便于人员疏散和扑救火灾。电气设备应为防爆型。站台应备有灭火设备和消防给水设施。

蒸汽机不宜进入装卸台，如必须进入时应在烟囱上安装火星熄灭器，停车时应用木垫，而不用刹车，以防止擦出火花；牵引车头与罐车之间应有隔离车。

装车用的易燃液体管道上应装设紧急切断阀。

槽车不应漏油。装卸油管流速也不宜过快，鹤管应良好接地，以防止静电火花的产生。雷雨时应停止装卸作业，夜间检查不应用明火或普通手电筒照明。

3. 水陆运输

船舶在装运易燃易爆物品时应悬挂危险货物标志，严禁在船上动用明火，燃煤拖轮应装设火星熄灭器，且拖船尾至驳船首的安全距离不应小于50m。

装运闪点小于28℃的易燃液体的机动船舶，要经当地检查部门的认可，木船不可装运散装的易燃液体、剧毒物质和放射性等危险性物质。在封闭水域严禁运输剧毒品。

装卸易燃液体时，应将岸上输油管与船上输油管连接紧密，并将船体与油泵船（油泵站）的金属体用直径不小于 2.5mm 的导线连接起来。装卸油时，应先接导线，后接油管；当装卸完毕，应先卸油管，后拆导线。

还应注意，卸货完毕后必须彻底进行清扫。对装过剧毒物品的船和车，卸货结束，立即洗刷消毒，否则严禁使用。

三、危险化学品运输的安全要求

运输与装卸危险化学品，必须符合有关法规、标准的要求，切实保证安全。

1. 《危险化学品安全管理条例》（以下简称《条例》）对危险化学品运输的有关规定

（1）危险化学品运输的资质认定

①《条例》规定，从事危险化学品道路运输、水路运输的，应当分别依照有关道路运输、水路运输的法律、行政法规的规定，取得危险货物道路许可、危险货物水路运输许可，并向工商行政管理部门办理登记手续。

② 通过道路运输危险化学品的，托运人应当委托依法取得危险货物道路运输许可的企业承运。

③ 通过内河运输危险化学品，应当由依法取得危险货物水路运输许可的水路运输企业承运，其他单位和个人不得承运。托运人应当委托依法取得危险货物水路运输许可的水路运输企业承运，不得委托其他单位和个人承运。

④ 危险化学品道路运输企业、水路运输企业的驾驶人员、船员、装卸管理人员、押运人员、申报人员、集装箱装箱现场检查员应当经交通运输主管部门考核合格，取得从业资格。具体办法由国务院交通运输主管部门制定。

⑤ 运输危险化学品的驾驶人员、船员、装卸管理人员、押运人员、申报人员、集装箱装箱现场检查员，应当了解所运输的危险化学品的危险特性及其包装物、容器的使用要求和出现危险情况时的应急处置方法。运输危险化学品，应当根据危险化学品的危险特性采取相应的安全防护措施，并配备必要的防护用品和应急救援器材。

（2）危险化学品运输中的一般规定

①《条例》规定，通过道路运输危险化学品的，应当按照运输车辆的核定载质量装载危险化学品，不得超载。危险化学品运输车辆应当符合国家标准要求的安全技术条件，并按照国家有关规定定期进行安全技术检验。危险化学品运输车辆应当悬挂或者喷涂符合国家标准要求的警示标志。

②《条例》规定，通过道路运输危险化学品的，应当配备押运人员，并保证所运输的危险化学品处于押运人员的监控之下。运输危险化学品途中因住宿或者发生影响正常运输的情况，需要较长时间停车的，驾驶人员、押运人员应当采取相应的安全防范措施；运输剧毒化学品或者易制爆危险化学品的，还应当向当地公安机关报告。

③《条例》规定，未经公安机关批准，运输危险化学品的车辆不得进入危险化学品运输车辆限制通行的区域。危险化学品运输车辆限制通行的区域由县级人民政府公安机关划定，并设置明显的标志。

④《条例》规定，通过内河运输危险化学品，应当使用依法取得危险货物适装证书的运输船舶。水路运输企业应当针对所运输的危险化学品的危险特性，制定运输船舶危险化

学品事故应急救援预案,并为运输船舶配备充足、有效的应急救援器材和设备。通过内河运输危险化学品的船舶,其所有人或者经营人应当取得船舶污染损害责任保险证书或者财务担保证明。船舶污染损害责任保险证书或者财务担保证明的副本应当随船携带。

⑤《条例》规定,通过内河运输危险化学品,危险化学品包装物的材质、型式、强度以及包装方法应当符合水路运输危险化学品包装规范的要求。国务院交通运输主管部门对单船运输的危险化学品数量有限制性规定的,承运人应当按照规定安排运输数量。

2. 剧毒化学品的运输

(1)《条例》规定,通过道路运输剧毒化学品的,托运人应当向运输始发地或者目的地县级人民政府公安机关申请剧毒化学品道路运输通行证。申请剧毒化学品道路运输通行证,托运人应当向县级人民政府公安机关提交营业执照或者法人证书(登记证书)的复印件;剧毒化学品品种、数量的说明;运输始发地、目的地、运输时间和运输路线的说明;承运人取得危险货物道路运输许可、运输车辆取得营运证以及驾驶人员、押运人员取得上岗资格的证明文件。剧毒化学品道路运输通行证管理办法由国务院公安部门制定。

(2)《条例》规定,剧毒化学品、易制爆危险化学品在道路运输途中丢失、被盗、被抢或者出现流散、泄漏等情况的,驾驶人员、押运人员应当立即采取相应的警示措施和安全措施,并向当地公安机关报告。公安机关接到报告后,应当根据实际情况立即向安全生产监督管理部门、环境保护主管部门、卫生主管部门通报。有关部门应当采取必要的应急处置措施。

(3)《条例》规定,禁止通过内河封闭水域运输剧毒化学品以及国家规定禁止通过内河运输的其他危险化学品。上述规定以外的内河水域,禁止运输国家规定禁止通过内河运输的剧毒化学品以及其他危险化学品。禁止通过内河运输的剧毒化学品以及其他危险化学品的范围,由国务院交通运输主管部门会同国务院环境保护主管部门、工业和信息化主管部门、安全生产监督管理部门,根据危险化学品的危险特性、危险化学品对人体和水环境的危害程度以及消除危害后果的难易程度等因素规定并公布。

3. 危险化学品运输的其他要求

(1)托运危险物品必须出示有关证明,向指定铁路、交通、航运等部门办理手续。托运物品必须与托运单上所列的品名相符,托运未列入国家品名表的危险物品,应附上级主管部门审查同意的技术鉴定书。

(2)危险物品的装卸运输人员,应按装运危险物品的性质,佩戴相应的防护用品;装卸时必须轻装轻卸,严禁摔拖、重压和摩擦,不得损坏包装容器,并注意标志,堆放稳妥。

(3)危险物品装卸前,应对车(船)等搬运工具进行必要的通风和清扫,不得留有残渣,对装有剧毒物品的车(船),卸车后必须洗刷干净。

(4)装运爆炸、剧毒、放射性、易燃液体、可燃气体等物品,必须使用符合安全要求的运输工具:

①禁止用电瓶车、翻斗车、铲车、自行车等运输爆炸物品。运输强氧化剂、爆炸品及铁桶包装的一级易燃液体时,没有采取可靠的安全措施,不得用铁底板车及汽车挂车运输。

②禁止用叉车、翻斗车、铲车搬运易燃、易爆危险物品。

③ 温度较高地区装运液化气体和易燃气体等危险物品，要有防晒设施。

④ 放射性物品应用专用运输搬运车和抬架搬运，装卸机械应按规定负荷降低 25%。

⑤ 遇水易燃物品及有毒物品，禁止用小型机帆船、小木船和水泥船承运。

(5) 运输爆炸、剧毒和放射性物品，应指派专人押运，押运人员不得少于两人。

(6) 运输危险物品的车辆，必须保持安全的车速，保持车距，严禁超车、超速和强行会车。运输危险物品的行车路线，必须事先经当地公安交通管理部门批准，按指定的路线和时间运输，不可在繁华街道行驶和停留。

(7) 运输危险化学品的车辆应专车专用，并有明显标志，要符合交通管理部门对车辆和设备的规定：

① 车厢底板必须平坦完好，周围栏板必须牢固。

② 机动车辆排气管应装阻火器，电路系统应有切断总电源和隔离火花的装置。

③ 车辆必须按照国家标准《道路运输危险货物车辆标志》（GB 13392—2005）悬挂规定的标志和标志灯。

④ 根据装卸危险化学品货物的性质，配备相应的消防器材。

(8) 蒸汽机车在调车作业中，对装载易燃、易爆物品的车辆，必须挂不少于两节的隔离车，并严禁溜放。

(9) 运输散装固体危险物品，应根据物品的性质，采取防火、防爆、防水、防粉尘飞扬和遮阳等措施。

(10) 禁止无关人员搭乘运输危险化学品的车、船和其他运输工具。

(11) 运输爆炸品和需凭证运输的危险化学品，应有运往地县、市公安部门的《爆炸品准运证》或《危险化学品准运证》。

(12) 运输危险化学品车辆、船只应有防火安全措施。

(13) 易燃品闪点在 28℃ 以下，气温高于 28℃ 时应在夜间运输。性质或消防方法相互抵触以及配装号或类项不同的危险化学品不能装载在同一车、船内运输。

(14) 危险化学品运输的包装应符合《危险货物运输包装通用技术条件》（GB 12463—2009）的规定。

(15) 装运集装箱、大型气瓶、可移动罐（槽）等的车辆，必须设置有效的紧固装置。

(16) 通过铁路、航空运输危险化学品的，按照国务院铁路、民航部门的有关规定执行。

四、危险化学品储存的安全要求

化学危险品仓库是储存易燃易爆等化学危险品的场所，仓库选址必须适当，建筑物必须符合"规范"要求，做到科学管理，确保其储存、保管安全。因此，在化学危险品的储存保管中要把安全放在首位。其储存保管的安全要求如下：

① 化学物质的储存限量，由当地主管部门与公安部门规定。

② 交通运输部门应在车站、码头等地修建储存危险化学品的专用仓库。

③ 储存危险化学品的地点及建筑结构，应根据国家有关规定设置，并充分考虑对周围居民区的影响。

④ 化学危险物品露天存放时应符合防火防爆的安全要求。

⑤ 安全消防卫生设施，应根据物品的危险性质设置相应的防火、防爆、泄压、通风、温度调节、防潮防雨等安全措施。

⑥ 必须加强出入库验收，避免出现差错。特别是对爆炸物质、剧毒物质和放射性物质，应采取双人收发、双人记账、双人双锁、双人运输和双人使用的"五双制"方法加以管理。

⑦ 经常检查，发现问题及时处理，根据危险品库房物性及灭火办法的不同，应严格按表1-6的规定分类储存。

五、危险化学品分类储存的安全要求

1. 爆炸性物质储存的安全要求

爆炸性物质的储存按原公安、铁道、商业、化工、卫生和农业等部门关于"爆炸物品管理规则"的规定办理。

① 爆炸性物质必须存放在专用仓库内。储存爆炸性物质的仓库禁止设在城镇、市区和居民聚居的地方。并且应当和周围建筑、交通要道、输电线路等保持一定的安全距离。

② 存放爆炸性物质的仓库，不得同时存放相抵触的爆炸物质。并不得超过规定的储存数量。如雷管不得与其他炸药混合储存。

③ 一切爆炸性物质不得与酸、碱、盐类以及某些金属、氧化剂等同库储存。

④ 为了通风、装卸和便于出入检查，爆炸性物质堆放时堆垛不应过高、过密。

⑤ 存放爆炸性物质的仓库的温度、湿度应加强控制和调节。

2. 压缩气体和液化气体储存的安全要求

① 压缩气体和液化气体不得与其他物质共同储存；易燃气体不得与助燃气体、剧毒气体共同储存；易燃气体和剧毒不得与腐蚀物质混合储存；氧气不得与油脂混合储存。

② 液化石油气储罐区的安全要求。液化石油气储罐区应布置在通风良好而远离明火或散发火花的露天地带。不宜与易燃、可燃液体储罐同组布置，更不应设在一个土堤内。压力卧式液化气罐的纵轴，不宜对着重要建筑物、重要设备、交通要道及人员集中的场所。

液化石油气罐既可单独布置，也可成组布置。成组布置时，组内储罐不应超过两排。一组储罐的总容量不应超过6000m³。

储罐与储罐组的四周可设防火堤。两相邻防火堤外侧的基脚线之间的距离不应小于7m，堤高不超过0.6m。化学危险物品分类储存原则见表1-6。

表1-6 化学危险物品分类储存原则

组别	物质名称	储存原则	附注
爆炸性物质	叠氮铅、雷汞、三硝基甲苯、硝化棉（含氮量在12.5%以上）、硝铵炸药等	不能和任何其他种类的物质共同储存，必须单独储存	
易燃和可燃液体	汽油、苯、二硫化碳、丙酮、甲苯、乙醇、石油醚、乙醚、甲乙醚、环氧乙烷、甲酸甲酯、甲酸乙酯、乙酸乙酯、煤油、丁烯醇、乙醛、丁醛、氯苯、松节油、樟脑油等	不能和其他种类的物质共同储存	如数量很少，允许与固体易燃物质隔开后共存

续表

组别	物质名称	储存原则	附注
压缩气体和液化气体	可燃气体：氢、甲烷、乙烯、丙烯、乙炔、丙烷、甲醚、氯乙烷、一氧化碳、硫化氢等	除不燃气体外，不能和其他种类的物质共同储存	氯兼有毒害性
	不燃气体：氮、二氧化碳、氖、氩、氟利昂等	除可燃气体、助燃气体、氧化剂和有毒物质外，不能和其他种类物质共同储存	
	助燃气体：氧、压缩空气、氯等	除不燃气体和有毒物质外，不能和其他种类的物质共同储存	
遇水或空气能自燃的物质	钾、钠、磷化钙、锌粉、铝粉、黄磷、三乙基铝等	不能和其他种类的物质共同储存	钾、钠需浸入石油中，黄磷需浸入水中
易燃固体	赛璐珞、赤磷、萘、樟脑、硫黄、三硝基苯、二硝基甲苯、二硝基萘、三硝基苯酚等	不能和其他种类的物质共同储存	赛璐珞须单独储存
氧化剂	能形成爆炸性混合物的氧化剂：氯酸钾、氯酸钠、硝酸钾、硝酸钠、硝酸钡、次氯酸钙、亚氯酸钠、过氧化钠、过氧化钡、30%的过氧化氢等	除惰性气体外，不能和其他种类的物质共同储存	过氧化物有分解爆炸的危险，应单独储存。过氧化氢应储存在阴凉处；表中的两类氧化剂应隔离储存
	能引起燃烧的氧化剂：溴、硝酸、硫酸、铬酸、高锰酸钾、重铬酸钾等		
毒害物质	氯化苦（三氯硝基甲烷）、光气、五氧化二砷、氰化钾、氰化钠等	除不燃气体和助燃气体外，不能和其他种类的物质共同储存	

液化石油气储罐的罐体基础外露部分及储罐组的地面应为非燃烧材料，罐上应设有安全阀、压力计、液面计、温度计以及超压报警装置。无绝热措施时，应设淋水冷却设施。储罐的安全阀及放空管应接入全厂性火炬。独立储罐的放空管应通往安全地点放空。安全阀和储罐之间安装有截止阀，截止阀应常开并加铅封。储罐应设置静电接地及防雷设施，罐区内的电气设备应防爆。

③ 对气瓶储存的安全要求。储存气瓶的仓库应为单层建筑，在其上设置易揭开的轻质屋顶，地坪可用不发火沥青砂浆混凝土铺设，门窗都向外开启，玻璃涂以白色。库温不宜超过35℃，有通风降温措施。瓶库应用防火墙分隔为若干单独分间，每一分间有安全出入口。气瓶仓库的最大储存量应按有关规定执行。

对直立放置的气瓶应设有栅栏或支架加以固定，以防止倾倒。卧放气瓶应加以固定，以防止滚动。盛气瓶的头尾方向在堆放时应取一致。高压气瓶的堆放高度不宜超过五层。气瓶应远离热源并旋紧安全帽。对盛装易发生聚合反应的气体的气瓶，必须规定储存限期。随时检查有无漏气和堆垛不稳的情况，如检查中发现有漏气时，应首先做好人身保护，站立在上风处，向气瓶倾浇冷水，使其冷却后再去旋紧阀门。若发现气瓶燃烧，可以根据所盛气体的性质，使用相应的灭火器具。但最主要的是用雾状水去喷射，使其冷却再进行扑灭。

扑灭有毒气体气瓶的燃烧，应注意站在上风口，并使用防毒面具，切勿靠近气瓶的头部或尾部，以防发生爆炸造成伤害。

3. 易燃液体储存的安全要求

(1) 易燃液体应储存于通风阴凉处，并与明火保持一定的距离，在一定区域内严禁烟火。

(2) 沸点低于或接近夏季气温的易燃液体，应储存于有降温设施的库房或储罐内。盛装易燃液体的容器应保留不少于5%容积的空隙,夏季不可曝晒。易燃液体的包装应无渗漏,封口要严密。铁桶包装不宜堆放太高,防止发生碰撞、摩擦而产生火花。

（3）闪点较低的易燃液体,应注意控制库温。气温较低时容易凝结成块的易燃液体,受冻后易使容器胀裂,故应注意防冻。

（4）易燃、可燃液体储罐分为地上、半地上和地下三种类型。地上储罐不应与地下或半地下储罐布置在同一储罐组内,且不宜与液化石油气储罐布置在同一储罐组内。储罐组内储罐的布置不应超过两排。地上和半地下的易燃、可燃液体储罐的四周应设置防火堤。

（5）储罐高度超过17m时,应设置固定的冷却和灭火设备；低于17m时,可采用移动式灭火设备。

（6）闪点、沸点低的易燃液体储罐应设置安全阀并设有冷却降温设施。

（7）储罐的进料管应从罐体下部接入,以防止液体冲击飞溅产生静电火花引起爆炸。储罐及其有关设施必须设有防雷击、防静电设施,并采用防爆电气设备。

（8）易燃、可燃液体桶装库应设计为单层仓库,可采用钢筋混凝土排架结构,设防火墙分隔数间,每间应有安全出口。桶装的易燃液体不宜露天堆放。

4. 易燃固体储存的安全要求

（1）储存易燃固体的仓库要求阴凉、干燥,有隔热措施,忌阳光照射；易挥发、易燃固体宜密封堆放,仓库要求严格防潮。

（2）易燃固体多属还原剂,应与氧和氧化剂分开储存。有很多易燃固体有毒,故储存中应注意防毒。

5. 自燃物质储存的安全要求

（1）自燃物质不能和易燃液体、易燃固体、遇水燃烧物质混合储存,也不能与腐蚀性物质混合储存。

（2）自燃物质在储存中,对温度、湿度的要求比较严格,必须储存于阴凉、通风干燥的仓库中,并注意做好防火、防毒工作。

6. 遇水燃烧物质储存的安全要求

（1）遇水燃烧的物质储存时应选用地势较高的地方,在暴雨季节保证不进水,堆垛时要用干燥的枕木或垫板。

（2）储存遇水燃烧物质的库房要求干燥,可严防雨雪的侵袭。库房的门窗可以密封。库房的相对湿度一般保持在75%以下,最高不超过80%。

（3）钾、钠等应储存于不含水分的矿物油或石蜡油中。

7. 氧化剂储存的安全要求

（1）一级无机氧化剂与有机氧化剂不能混合储存,不能和其他弱氧化剂混合储存,不能与压缩气体、液化气体混合储存。氧化剂与有毒物质不得混合储存。有机氧化剂不能与溴、过氧化氢、硝酸等酸性物质混合储存。硝酸盐与硫酸、发烟硫酸、氯磺酸接触时都会发生化学反应,不能混合储存。

（2）储存氧化剂,应严格控制仓库的温度、湿度。可以采取整库密封、分垛密封与自然通风相结合的方法储存。在不能通风的情况下,可以采用吸潮和人工降温的方法储存。

8. 有毒物质储存的安全要求

（1）有毒物质应储存在阴凉通风的干燥场所，要避免露天存放，不能与酸类物质接触。

（2）严禁与食品同存一库。

（3）包装封口必须严密，无论是瓶装、盒装、箱装或其他包装，外面均应贴（印）有明显的名称和标志。

（4）工作人员应按规定穿戴防毒用具，禁止用手直接接触有毒物质。储存有毒物质的仓库应有中毒急救、清洗、中和、消毒用的备用药物等。

9. 腐蚀性物质储存的安全要求

（1）腐蚀性物质均须储存在冬暖夏凉的库房里，保持通风、干燥，注意防潮、防热。

（2）腐蚀性物质不能与易燃物质混合储存，可用墙分隔同库储存的不同腐蚀性物质。

（3）采用相应的耐腐蚀容器盛装腐蚀性物质，且包装封口要严密。

（4）储存中应注意控制腐蚀性物质的储存温度，防止受热或受冻造成容器胀裂。

任务实施

1. 对实训室、实验室及实验准备室的现有物品进行分类标注，并正确选择现有物品的安全周知卡和重大危险源安全警示牌，在实验室醒目的位置标识出来。

2. 检查安全实验室通道的布置是否符合标准。

项目二

化工安全管理

▶ 任务一　安全管理方法分析

案例引入

2021年7月6日,西湖区应急管理局对杭州某电梯部件有限公司检查时,发现该公司正在进行焊接作业的焊接工罗某某未按规定取得特种作业人员操作证,持假证从事焊接与热切割特种作业。西湖区应急管理局立即下达现场处理措施决定书,要求罗某某立即停止焊接作业。同月12日,西湖区应急管理局对该公司再次进行检查时,发现该公司未执行现场处理措施决定,罗某某仍在违规从事焊接作业,现场还发现另有4名正在从事焊接作业的员工也未取得特种作业人员操作证。经现场勘查,该公司焊接与热切割作业岗位区域与危化品仓库、车间办公室、其他车间相连,若焊接与热切割作业岗位区域发生火灾或窒息性气体(氩气和二氧化碳混合气体)泄漏,极易导致事故发生,存在重大安全隐患,具有发生重大伤亡事故的现实危险。

事故警示:"冰冻三尺,非一日之寒"。事故常常是通过细微之处渐渐积累而来的。我们在日常安全生产工作中,小到正确佩戴劳动防护用品、持证上岗,大到设备停、送电和布置安全措施,交接班时,检查设备各个部位是否存在安全隐患,每一个环节的细微之处都是保证安全生产的必要措施。

> "树牢安全发展理念，加强安全生产监管，切实维护人民群众生命财产"，习近平总书记强调，生命重于泰山。各级党委和政府务必把安全生产摆到重要位置，树牢安全发展理念，绝不能只重发展不顾安全，更不能将其视作无关痛痒的事，搞形式主义、官僚主义。要针对安全生产事故主要特点和突出问题，层层压实责任，狠抓整改落实，强化风险防控，从根本上消除事故隐患，有效遏制重特大事故发生。

掌握安全管理的定义及基本内容；掌握危险化学品安全生产的现状及特点。

一、安全管理的定义

生产活动是人类认识自然、改造自然过程中最基本的实践活动，为人类创造了巨大的社会财富，是人类赖以生存和发展的必要条件。然而，生产活动过程中总是伴随着各种各样的危险及有害因素，如果不能采取有效的预防措施和保护措施，造成危害的后果是很严重的，有时甚至是灾难性的。

安全管理是在人类社会的生产实践中产生的，并随着生产技术水平和企业管理水平的发展特别是安全科学技术及管理学的发展而不断发展。安全管理是以保证劳动者的安全健康和生产顺利进行为目的，运用管理学、行为科学等相关科学的知识和理论进行的安全生产管理。因此，有必要首先了解管理学、行为科学等相关科学的基本观点。

科学管理学派的泰罗（Frederick W. Taylor）、法约尔（Henry Fayol）等认为，管理就是计划、组织、指挥、协调和控制等职能活动。

行为科学学派的梅奥（George Eiton Mayo）等认为，管理就是做人的工作，是以研究人的心理、生理、社会环境影响为中心，研究制定激励人的行为动机、调动人积极性的过程。

现代管理学派的西蒙（Herbert Simon）等认为，管理的重点是决策，决策贯穿于管理的全过程。

目前，管理学者比较一致地认为，管理就是为实现预定目标而组织和使用人力、物力、财力等各种物质资源的过程。

安全管理作为企业管理的组成部分，体现了管理的职能，主要管理控制的内容是人的不安全行为和物的不安全状态，并以预防伤亡事故的发生、保证生产顺利进行、使劳动者处于一种安全的工作状态为主要目标。

综上所述，安全管理是为实现安全生产而组织和使用人力、物力和财力等各种物质资源的过程。利用计划、组织、指挥、协调、控制等管理机能，控制各种物的不安全因素和人的不安全行为，避免发生伤亡事故，保证劳动者的生命安全和健康，保证生产顺利进行。

二、安全管理与企业管理

如上所述,安全管理是企业管理的一个重要组成部分。而生产事故是人们在有目的的行动过程中,突然出现的、违反人的意志的、致使原有行动暂时或永久停止的事件。生产过程中发生的伤亡事故,一方面给受伤害者本人及其亲友带来痛苦和不幸,另一方面也会给生产单位带来巨大的损失。因此,安全与生产的关系可以表述为:"安全寓于生产之中,安全与生产密不可分;安全促进生产,生产必须安全"。安全性是企业生产系统的主要特性之一。

安全寓于生产之中,安全与生产密不可分。

企业安全管理与企业的生产管理、质量管理等各项管理工作密切关联、互相渗透。企业的安全生产状况是整个企业综合管理水平的重要反映之一。一般而言,在企业其他各项管理工作中行之有效的管理理论、原则、方法,也基本适用于企业安全管理工作。

然而,企业安全管理除了具有企业其他各项管理的共同特征之外,由它自身的目的决定了它还具有独自的特征。即安全管理的根本目的在于防止伤亡事故的发生,因此它还必须遵从伤亡事故预防的基本原理和基本原则。

三、安全管理的基本内容

安全管理主要包括对人的安全管理和对物的安全管理两个主要方面。

对人的安全管理占有特殊的位置。人是工业伤害事故的受害者,保护生产中的人是安全管理的主要目的;同时,人又往往是伤害事故的肇事者,在事故致因中,人的不安全行为占有很大比重,即使是来自物的方面的原因,在物的不安全状态的背后也隐藏着人的行为失误。因此控制人的行为就成为安全管理的重要任务之一。在安全管理工作中,注重发挥人对安全生产的积极性、创造性,对于做好安全生产工作既是一个重要方法,又是一个重要保证。

对物的安全管理就是不断改善劳动条件,防止或控制物的不安全状态。采取有效的安全技术措施是实现对物的安全管理的重要手段。

四、现代安全管理的基本特征

现代安全管理的第一个重要特征,就是强调以人为中心的安全管理,体现以人为本的科学的安全价值观。安全生产的管理者必须时刻牢记,保障劳动者的生命安全是安全生产管理工作的首要任务。人是生产力诸要素中最活跃、起决定性作用的因素。在实践中,要把安全管理的重点放在激发和激励劳动者对安全的关注度、充分发挥其主观能动性和创造性上,形成让所有劳动者主动参与安全管理的局面。

现代安全管理的第二个基本特征,就是强调系统的安全管理。即要从企业的整体出发,实行全过程、全方位的安全管理,使企业整体的安全生产水平持续提高。

1. 全员参加安全管理

实现安全生产必须坚持群众路线,切实做到专业管理与群众管理相结合,在充分发挥专业安全管理人员作用的同时,运用各种管理方法吸引全体职工参加安全管理,充分调动和发挥全体职工的安全生产积极性。安全生产责任制的实施为企业全员参加安全生产管理提供了制度上的保证。

2. 全过程实施安全管理

系统安全的基本原则就是从一个新系统的规划、设计阶段起,就要涉及安全问题,并且一直贯穿于整个系统寿命期间,直至系统的终结。因此,在企业生产经营活动的全过程都要实施安全管理,识别、评价、控制可能出现的危险因素。

3. 全方位实施安全管理

任何有生产劳动的地方,都会存在不安全因素,都有发生伤亡事故的危险性。因此,在任何时段,开展任何工作,都要考虑安全问题,都要实施安全管理。企业的安全管理,不仅仅是专业安全管理部门的专有责任,企业内的党、政、工团各部门都对安全生产负有各自的职责,要做到分工明确、齐抓共管。

现代安全管理的第三个基本特征就是计算机的应用。计算机的普及与应用,加速了安全信息管理的处理和流通速度,并使安全管理逐渐由定性走向定量,使先进的安全管理经验、方法得以迅速推广。

五、危险化学品安全生产的特点

危险化学品生产单位(简称生产单位)主要分布在石油、化工行业。石油、化学工业是国民经济的基础产业,它的发展有力地促进了工农业生产,巩固了国防,提高和改善了人民生活。但是其生产过程中存在着许多不安全因素和职业危害,有着较大的危险性。这主要是由于石油化工生产具有以下特点。

1. 石油化工生产中的物料绝大多数属于危险化学品,具有潜在危险性

石油化工生产使用的原料、中间产品和产品绝大多数具有易燃易爆、有毒有害、腐蚀等危险性。例如:生产聚氯乙烯树脂的原料乙烯、甲苯和 C_4 以及中间产品二氯乙烷、氯乙烯等都是易燃易爆物质;氯气、二氯乙烷、氯乙烯具有较强毒性,氯乙烯并有致癌作用;氯气和氯化氢在有水分存在时具有强腐蚀性。物料的这些潜在危险性决定了在生产、使用、储存、运输等过程中,稍有不慎就会酿成事故。

2. 石油化工生产工艺过程复杂,工艺条件苛刻

石油化工生产从原料到产品,一般都需要经过许多工序和复杂的加工单元,通过多次反应或分离才能完成。例如,炼油生产的催化裂化装置,从原料到产品要经过 8 个加工单元;裂解装置从原料裂解到分离出成品乙烯需要经过 12 个化学反应和分离单元。有些石油化工生产过程的工艺参数前后变化很大。例如,以轻柴油裂解生产乙烯而生产聚乙烯的过程中,裂解操作温度近 1000℃;裂解气深冷分离温度则近 −100℃;高压聚乙烯生产最高聚合压力达 300MPa。这样的工艺条件,加上许多介质具有强腐蚀性。受压容器较容易遭到破坏。还有些反应过程要求的工艺条件很苛刻,例如用丙烯和空气直接氧化生产丙烯酸的反应,各种物料就处于爆炸极限附近,而且反应温度超过中间产品丙烯醛的自燃点,生产控制上稍有偏差就可能发生爆炸。

3. 生产规模大型化

为了降低单位产品的投资、成本及能耗,提高经济效益,石油化工生产日趋大型化。例如,我国炼油装置规模已达 800 万吨/年;乙烯装置规模已达 60~70 万吨/年等。装置的大型化提高了生产率,但是一方面规模越大,使用的设备、机械越多,发生故障的可能性越大；另一方面，规模越大，储存的危险物料越多，潜在的危险能量也越大。一旦发生事故，后果往往也越严重。

4. 生产过程连续化、自动化

目前，石油化工生产，特别是大、中型石油化工生产多为连续化生产，前后单元息息相关，相互制约。某一环节发生故障，常常会影响到整个生产的正常运行；某一装置发生事故，也有可能波及其他装置。

六、危险化学品安全生产的现状与对策

近年来，我国危险化学品安全生产形势呈现稳定好转的发展态势。根据应急管理部统计数据分析，2021年全国共发生化工事故122起、死亡150人，同比减少22起、28人，分别下降15.3%和15.7%，比2019年减少42起、124人，分别下降25.6%和45.3%。但是，我国部分危险化学品从业单位工艺落后、设备简陋陈旧、自动控制和本质安全水平低、从业人员操作技能差、安全管理不到位，加之有关危险化学品安全管理的法规和标准不健全、监管力量薄弱、危险化学品事故总量大，较大、重大事故时有发生，安全生产形势依然严峻。

为了保障危险化学品安全健康的发展，构建危险化学品安全生产长效机制，加强危险化学品安全管理，就危险化学品安全生产的现状提出以下对策：

① 合理规划产业安全发展布局（选址）。按照"产业集聚"与"集约用地"的原则，确定化工集中区域或化工园区，明确产业定位，完善水电气风、污水处理等公用工程配套和安全保障设施。

② 严格危险化学品安全生产、经营许可。危险化学品安全生产、经营许可证发证机关要严格按照有关规定，认真审核危险化学品企业安全生产、经营条件。

③ 严格建设项目安全许可。地方各级人民政府投资管理部门要把危险化学品建设项目设立安全审查纳入建设项目立项审批程序。建立由投资管理部门牵头、部门参加的危险化学品建设项目会审制度，危险化学品建设项目未经安全监管部门检验审查通过的，投资管理部门不予指准，要从严审批剧毒化学品、易燃易爆化学品、氯和涉及危险工艺的建设项目，严格限制涉及光气的建设项目。

④ 继续关闭工艺落后、设备设施简陋，不符合安全生产条件的危险化学品生产企业。

⑤ 加强企业安全基础管理，提高安全管理水平。即：完善并落实安全生产责任制；严格执行建设项目安全设施"三同时"制度；建立规范化的隐患排查治理制度；认真落实危险化学品登记制度；建立安全生产情况报告制度；全面开展安全生产标准化工作、加强安全生产教育培训和提高事故应急能力。

⑥ 加大安全投入，提升本质安全水平。即：建立企业安全生产投入保障机制；改造提升现有企业，逐步提高安全技术水平；加强重大危险源安全监控；积极推动安全生产科技进步工作。

⑦ 深化专项整治，完善法规标准。即：深化危险化学品安全生产专项整治；加强危险化学品道路运输安全监控和协查；推进危险化学品经营市场专业化；加强危险化学品安全生产法制建设；加快制修订安全技术标准。

⑧ 落实监管责任，提高执法能力。即：加强安全生产执法检查，规范执法工作；严

格执行事故调查处理"四不放过"原则,加强对事故调查工作的监督检查;加强事故统计分析,及时通报典型事故;加强安全监管队伍建设,提高执法水平;进一步发挥中介组织和专家作用。

七、加强危险化学品安全管理的重要意义

(1) 增强法律意识,整顿规范市场秩序。建立起危险化学品安全管理体系,加强对危险化学品的安全监管,提高全社会特别是危险化学品从业人员对危险化学品安全管理的法律意识,加强危险化学品生产、经营、储存、运输、使用和废弃物处置各个环节的安全管理。整顿和规范市场经济秩序,保障人民生命、财产安全,保护环境。

(2) 提高企业安全管理水平。通过对危险化学品安全管理各项法律、法规、标准的贯彻实施,使我国危险化学品生产、经营、储存、运输、使用和废弃物处置的企业或单位管理水平进一步提高。

(3) 加强基础环节的安全防范。按照国家危险化学品的法律法规和标准执行,实施对危险化学品生产经营单位负责人和员工的培训、持证上岗,促进危险化学品生产、经营、储存、运输、使用和废弃物处置企业或单位人员素质的不断提高,有利于对危险化学品基础环节安全管理的落实及安全防范。

(4) 强化监督管理,保障经济的可持续发展。通过政府各监管部门统一协调,加强危险化学品的管理,使危险化学品的管理部门及生产经营单位对危险化学品管理中的新情况、新特点和规律认识更加深化,逐步实现危险化学品安全管理法制秩序,建立危险化学品安全管理长效机制。实现我国总体管理水平不断提高,保障国民经济的可持续发展。

西班牙液化丙烯罐车爆炸事故

1. 事故经过

1978年7月11日14点30分左右,在西班牙连接巴塞罗那市和帕伦西亚市的高速公路旁道上行驶的液化丙烯罐车发生爆炸,使地中海沿岸侧的一个露营场遭到很大破坏。事故造成215人死亡,67人受伤,约100辆汽车和14栋建筑物被烧或遭到破坏。

罐车为卧式圆筒形储罐,容积为$43m^3$,由3个厚度为16mm的钢板制成的圆筒焊接而成。储罐外壳在爆炸中沿焊缝裂开,分成前后两部分,前部分占罐的2/3,落在罐车前进方向的右前方约100m处,砸坏一处住房;而后部分的1/3,纵向裂开,落到左后方约100m处。裂开处相当于罐的底部,上下颠倒落下,储罐后端封头完全脱落,不知踪迹,而储罐的前封头碎片一块落在前方约300m处,一块落在左前方约100m处。

从爆炸现场看,沿公路左侧筑有高1.5m的砖墙,约有100m长的墙受到破坏,墙的碎块全部落在公路一侧,而残留的部分墙也都向公路侧倾斜。

据目击者说,"听到两次爆炸声,两者间隔数秒钟"。第一次可能是罐车本身的爆炸,

第二次可能是丙烯蒸气在空气中的爆炸。

2. 事故原因

刹那之间造成多人遇难，这应该是在短时间内有大量液化丙烯汽化着火而发生的伴随有大火球的爆炸事故。如果假定液化丙烯是从罐中流到地面后才蒸发的，液化气因为消耗蒸发热而被冷却，其蒸发速度要减慢，不可能出现上述的迅速汽化现象。实际上，行驶中的罐车由于外壳发生龟裂、气体泄漏而发生了液化丙烯的蒸气爆炸。至于发生龟裂的原因，很可能是充装了过多的液化气。西班牙政府规定，液化气的充装量应不超过储罐容积的 85%。但是，普遍认为此次的充装量已经达到了 100%。

当天早晨，充装过量液化丙烯的罐车在行驶的途中，受到 7 月太阳的直射，储罐温度升高，14 时 30 分左右，由于液体的热膨胀作用，储罐外壳产生了龟裂。

液化丙烯的沸点是 －47℃，液温在 20℃ 时，其蒸气压约为 1MPa，30℃ 时约为 1.3MPa，40℃ 时约为 1.6MPa。因此，当储罐内保持蒸气压平衡状态的液化丙烯从储罐龟裂处猛烈喷出，而内压急剧下降时，就会突然变为过热液体。

因为过热，液体极不稳定，所以液温必须立即降到常压下的沸点。因此，出现激烈的蒸发，从而在液体内部产生均匀的沸腾核并迅速产生大量蒸气，液体由于受到急剧增加的蒸气膨胀力作用而激烈地冲击罐壁，最后导致储罐外壁被破坏。

储罐后部即 1/3 的罐体裂开，是因为罐底部产生的纵向断开线导致的。根据这一事实，是否可以认为储罐外壁最初的龟裂是以纵向断开线和圆周上的焊接线相交的 T 字形交点为中心而产生的呢？随着内压引起的开裂加剧，裂缝也沿圆周上的焊接线加大，最后罐体被切断，而储罐的后封头大概也在此时沿圆周上的焊接线同时被切断而飞散。

沿焊接线被分成两部分的罐体，由于激烈喷出的液化丙烯蒸气的喷力，使罐体的后部即 1/3 的罐体飞向左后方，而使前部即 2/3 罐体飞向前方，二者方向恰好相反。此时，罐体的前封头由于猛撞驾驶台，而把驾驶台推向正前方，封头本身被损后飞落在前方。

按照上述说法，行驶中的罐车外壳因蒸气爆炸所造成的最初的破坏可以得到合理解释。这样一来，扩散于大气中的全部液化丙烯迅速沸腾汽化而分散成雾状，随着气体向空中扩散，并以原罐车位置为中心变成蒸气云扩展下去。从这些现象来看，爆炸只能是过热气体的蒸气爆炸。

当天的风向是由陆地吹向海上的，露营场当时正处在爆炸的下风处。当时的风速已无法得知，但若假设风速为 5m/s 时，在几秒之间可燃性气体就会向露营场方向移动 15～30m。

另外，因为在露营场到处都有烧饭、吸烟等引起的明火，这些火源，与丙烯蒸气相遇，就会立即产生巨大火球而发生混合气体爆炸。所以，第一次蒸气爆炸引起储罐破坏后，经过几秒钟又发生了第二次空气中混合气体的爆炸，这种想法和事实是一致的。

3. 防范措施

为了防止同类事故应采取如下对策：

(1) 保证高压气储罐的强度。

(2) 防止液化气的超量充装。

(3) 防止发生罐车撞车、翻车、坠落等交通事故。

(4) 在罐车两侧设置护轨板等。

任务二 化工企业安全生产管理制度及禁令的认知

案例引入

2021年2月24日,嘉兴市港区应急管理局对某化学品有限公司进行检查时,发现该公司未按规定分别制定三乙基铝装置重大危险源事故应急预案、三乙基铝罐区重大危险源事故应急预案和灌装车间重大危险源事故应急预案,灌装车间充装现场充装钢瓶罐未进行静电接地,未按规定配备专职安全管理人员。4月23日,嘉兴市港区应急管理局依法对该公司作出"责令限期改正,警告,并处罚款7万元"的行政处罚。

事故警示:企业安全生产主体责任严重不落实,有关行业协会未如实开展安全生产标准化建设等级评定工作,未能及时发现企业自评报告弄虚作假等问题。企业应提高实事求是的精神,依法依规进行企业经营活动,切莫存有侥幸心理。

习近平总书记"人命关天,发展决不能以牺牲人的生命为代价。这必须作为一条不可逾越的红线。"安全无小事,人命大于天。发展决不能以牺牲人的生命为代价——让我们牢牢守住这条红线,努力实现科学发展、安全发展。始终把人民生命安全放在首位,对人民高度负责,坚持抓好安全生产。安全生产是一项复杂的系统工程,涉及众多环节。抓好安全生产,需要有强烈的责任意识,严谨的工作作风,一抓到底的精神状态。

任务导入

掌握企业的安全生产责任制、企业的厂规、厂纪。

知识准备

化工企业要做好安全生产工作,首先要建立、健全安全生产管理制度,并在生产过程中严格执行。此外,还要严格执行相关部门颁布的安全生产禁令。

一、安全生产责任制

《中华人民共和国安全生产法》第四条明确规定:"生产经营单位必须遵守本法和其他有关安全生产的法律、法规,加强安全生产管理,建立、健全安全生产责任制度,完善安全生产条件,确保安全生产。"

安全生产责任制是企业中最基本的一项安全制度,是企业安全生产管理规章制度的核心。企业内各级各类部门、岗位均要制定安全生产责任制,做到职责明确,责任到人。具体内容详见本项目任务三。

二、安全教育

《中华人民共和国安全生产法》第二十五条规定:"生产经营单位应当对从业人员进行安全生产教育和培训,保证从业人员具备必要的安全生产知识,熟悉有关的安全生产规章制度和安全操作规程,掌握本岗位的安全操作技能。未经安全生产教育和培训合格的从业人员,不得上岗作业。"第二十六条规定:"生产经营单位采用新工艺、新技术、新材料或者使用新设备,必须了解、掌握其安全技术特性,采取有效的安全防护措施,并对从业人员进行专门的安全生产教育和培训。"第五十五条规定:"从业人员应当接受安全生产教育和培训,掌握本职工作所需的安全生产知识,提高安全生产技能,增强事故预防和应急处理能力。"

目前我国化工企业中开展的安全教育的形式主要包括入厂教育(三级安全教育)、日常教育和特殊教育三种形式。

1. 入厂教育

新入厂人员(包括新工人、合同工、临时工、外包工和培训、实习、外单位调入本厂人员等),均需经过厂、车间(科)、班组(工段)三级安全教育。

(1)厂级教育(一级) 由劳资部门组织,安全技术、工业卫生与防火(保卫)部门负责。教育内容包括:党和国家有关安全生产的方针、政策、法规、制度及安全生产的重要意义,一般安全知识,本厂生产特点,重大事故案例,厂规厂纪以及入厂后的安全注意事项,工业卫生和职业病预防等知识,并经考试合格,方准分配车间及单位。

(2)车间级教育(二级) 由车间主任负责。教育内容包括:车间生产特点、工艺及流程、主要设备的性能、安全技术规程和制度、事故教训、防尘防毒设施的使用及安全注意事项等,并经考试合格,方准分配到工段、班组。

(3)班组(工段)级教育(三级) 由班组(工段)负责人负责。教育内容包括:岗位生产任务、特点、主要设备结构原理、操作注意事项、岗位责任制、岗位安全技术规程、事故安全及预防措施、安全装置和工(器)具、个人防护用品、防护器具和消防器材的使用方法等。

每一级的教育时间,均应按原化学工业部颁发的《关于加强对新入厂职工进行三级安全教育的要求》中的规定执行。厂内调动(包括车间内调动)及脱岗半年以上的职工,必须对其再进行二级或三级安全教育,其后进行岗位培训,考试合格,成绩记入"安全作业证"内,方准上岗作业。

2. 日常教育

安全教育不能一劳永逸,必须经常不断地进行。各级领导和各部门要对职工进行经常性的安全思想、安全技术和遵章守纪教育,增强职工的安全意识和法治观念。定期研究职工安全教育中的有关问题。

企业内的日常教育即经常性安全教育可按下列形式实施:

(1)可通过举办安全技术和工业卫生学习班,充分利用安全教育室,采用展览、宣传画、安全专栏、报章杂志等多种形式,以及先进的电子教育手段,开展对职工的安全和工业卫生教育。

（2）企业应定期开展安全活动，班组的安全活动确保每周一次。

（3）在大修或重点项目检修，以及重大危险性作业（含重点施工项目）时，安全技术部门应督促指导各检修（施工）单位进行检修（施工）前的安全教育。

（4）总结发生事故的规律，有针对性地进行安全教育。

（5）对于违章及重大事故责任者和工伤复工人员，应由所属单位领导或安全技术部门进行安全教育。

3. 特殊教育

国家安全生产监督管理总局令第30号《特种作业人员安全技术培训考核管理规定》（以下简称《规定》）规定，对操作者本人，尤其对他人和周围设施的安全有重大危害因素的作业，称特种作业。直接从事特种作业者，称为特种作业人员。特种作业范围包括：①电工作业，含发电、送电、变电、配电工等；②金属焊接、切割作业，含焊接工、切割工等；③起重机械（含电梯）作业，含司机、司索工、安全与维修工等；④企业内机动车辆驾驶；⑤登高架设作业，含2m以上登高、拆除、维修工等；⑥锅炉作业（含水质化验），含承压锅炉的水质化验员等；⑦压力容器作业，含大型空气压缩机操作工等；⑧制冷作业，含制冷设备安装、操作、维修工等；⑨爆破作业，含地面工程爆破工、井爆破工等；⑩矿山通风作业，含主扇风机操作工、测风测尘工等；⑪矿山排水作业，含矿井排水泵工、尾矿坝作业工等；⑫矿山安全检查作业；⑬矿山提升运输作业，含信号工等；⑭采掘（剥）作业；⑮矿山救护作业；⑯危险物品作业，含危险化学品、民用爆炸品、放射性物品的操作、运输押运工和储存保管员等；⑰经国家安全生产监督管理局批准的其他作业。国家有关部门还将客运索道和大型游乐设施的作业列为特种设备作业。

该《规定》规定从事特种作业的人员，必须进行安全教育和安全技术培训。经安全技术培训后，必须进行考核；经考核合格取得操作证者，方准独立作业。特种作业人员在进行作业时，必须随身携带"特种作业人员操作证"。

对特种作业人员，按各业务主管部门有关规定的期限组织复审。取得操作证的特种作业人员，必须定期进行复审。复审期限，除机动车辆驾驶和机动船舶驾驶、轮机操作人员，按国家有关规定执行外，其他特种作业人员两年进行一次。

三、安全检查

安全检查是搞好企业安全生产的重要手段，其基本任务是：发现和查明各种危险的隐患，督促整改；监督各项安全规章制度的实施；制止违章指挥、违章作业。

《中华人民共和国安全生产法》对安全检查工作提出了明确要求和基本原则，其中第四十三条规定：生产经营单位的安全生产管理人员应当根据本单位的生产经营特点，对安全生产状况进行经常性检查；对检查中发现的安全问题，应当立即处理；不能处理的，应当及时报告本单位有关负责人。检查及处理情况应当记录在案。

因此必须建立由企业领导负责和有关职能人员参加的安全检查组织，做到边检查、边整改，及时总结和推广先进经验。

1. 安全检查的形式与内容

安全检查应贯彻领导与群众相结合的原则，除进行经常性的检查外，每年还应进行群众性的综合检查、专业检查、季节性检查和日常检查。

（1）综合检查分厂、车间、班组三级，分别由主管厂长、车间主任、班组长组织有关科室、车间以及班组人员进行以查思想、查领导、查纪律、查制度、查隐患为中心内容的检查。厂级检查（包括节假日检查）每年不少于四次；车间级检查每月不少于一次；班组（工段）级检查每周一次。

（2）专业检查应分别由各专业部门的主管领导组织本系统人员进行，每年至少进行两次，内容主要是对锅炉及压力容器、危险物品、电气装置、机械设备、厂房建筑、运输车辆、安全装置以及防火防爆、防尘防毒等进行专业检查。

（3）季节性检查分别由各业务部门的主管领导，根据当地的地理和气候特点组织本系统人员对防火防爆、防雨防洪、防雷电、防暑降温、防风及防冻保暖工作等，进行预防性季节检查。

（4）日常检查分岗位工人检查和管理人员巡回检查。生产工人上岗应认真履行岗位安全生产责任制，进行交接班检查和班中巡回检查；各级管理人员应在各自的业务范围内进行检查。

各种安全检查均应编制相应的安全检查表，并按检查表的内容逐项检查。

2. 安全检查后的整改

（1）各级检查的组织和人员，对查出的隐患都要逐项分析研究，并落实整改措施。

（2）对严重威胁安全生产但有整改条件的隐患项目，应下达《隐患整改通知书》，做到"三定""四不推"（即定项目、定时间、定人员和凡班组能整改的不推给工段、凡工段能整改的不推给车间、凡车间能整改的不推给厂部、凡厂部能整改的不推给上级主管部门）限期整改。

（3）企业无力解决的重大事故隐患，除采取有效防范措施外，应书面向企业隶属地直接主管部门和当地政府报告，并抄报上一级行业主管部门。

（4）对物质技术条件暂时不具备整改的重大隐患，必须采取应急的防范措施，并纳入计划，限期解决或停产。

（5）各级检查组织和人员都应将检查出的隐患和整改情况报告上一级主管部门，重大隐患及整改情况应由安全技术部门汇总并存档。

四、安全技术措施计划

1. 编制安全技术措施计划的依据

（1）国家发布有关劳动保护方面的法律、法规和行业主管部门发布的劳动保护制度及标准。

（2）影响安全生产的重大隐患。

（3）预防火灾、爆炸、工伤、职业病及职业中毒需采取的技术措施。

（4）发展生产所需采取的安全技术措施，以及职工提出的有利安全生产的合理化建议。

2. 编制安全技术措施计划的原则

编制安全技术措施计划时应进行可行性分析论证，编制时应从以下几个方面考虑：
(1) 当前的科学技术水平。
(2) 本单位生产技术、设备及发展远景。
(3) 本单位人力、物力、财力。
(4) 安全技术措施产生的安全效果和经济效益。

3. 安全技术措施计划的范围

安全技术措施计划范围主要包括：
(1) 以防止火灾、爆炸、工伤事故为目的的一切安全技术措施。
(2) 以改善劳动条件、预防职业病和职业中毒为目的的一切工业卫生技术措施。
(3) 安全宣传教育计划及费用。如购置和编印安全图书资料、录像资料和教材，举办安全技术训练班，布置安全技术展览室等所需经费。
(4) 安全科学技术研究与试验、安全卫生检测等。

4. 安全技术措施计划的资金来源及物资供应

企业应在当年留用的设备更新改造资金中提取20%以上的经费用于安全技术措施项目，若资金仍不满足需要的可从税后留利或利润留成等自有资金中补充，亦可向银行申请贷款解决。综合利用的产品，可按照国家有关规定，向上级有关部门申请减免税。

对不符合安全要求的生产设备进行改装或重大修复而不增加固定资产的费用时，由大修理费开支。

凡不增加固定资产的安全技术措施，由生产维修费开支，摊入生产成本。

安全技术措施项目所需设备、材料，统一由供应（设备动力）部门按计划供应。

5. 安全技术措施计划编制及审批

由车间或职能部门提出车间年度安全技术措施项目，指定专人编制计划、方案报安全技术部门审查汇总。

安全技术部门负责编制企业年度安全技术措施计划，报总工程师或主管厂长审核。

主管安全生产的厂长或经理（总工程师），应召开工会、有关部门及车间负责人的会议，研究确定以下事项：
(1) 年度安全技术措施项目。
(2) 各个项目的资金来源。
(3) 设计单位及负责人。
(4) 施工单位及负责人。
(5) 竣工或投产使用日期。
(6) 经审核批准的安全技术措施项目，由生产计划部门在下达年度计划时一并下达。

车间每年应在第三季度开始着手编制下一年度的安全技术措施计划，报企业上级主管部门审核。

6. 安全技术措施项目的验收

安全技术措施项目竣工后，经试运行三个月，正常后，在生产厂长或总工程师领导下，由计划、技术、设备、安全、防火、工业卫生、工会等部门会同所在车间或部门，按设计要求组织验收，并报告上级主管部门，必要时，邀请上级有关部门参加验收。

使用单位应对安全技术措施项目的运行情况写出技术总结报告，对其安全技术及其经济技术效果和存在的问题作出评价。

安全技术措施项目经验收合格投入使用后，应纳入正常管理。

五、生产安全事故的调查与处理

1. 生产安全事故的等级划分

根据《生产安全事故报告和调查处理条例》（中华人民共和国国务院令第493号，自2007年6月1日起施行），生产安全事故一般分为以下等级：

（1）特别重大事故，是指造成30人以上死亡，或者100人以上重伤（包括急性工业中毒，下同），或者1亿元以上直接经济损失的事故；

（2）重大事故，是指造成10人以上30人以下死亡，或者50人以上100人以下重伤，或者5000万元以上1亿元以下直接经济损失的事故；

（3）较大事故，是指造成3人以上10人以下死亡，或者10人以上50人以下重伤，或者1000万元以上5000万元以下直接经济损失的事故；

（4）一般事故，是指造成3人以下死亡，或者10人以下重伤，或者1000万元以下直接经济损失的事故。

上述分级中所称的"以上"包括本数，所称的"以下"不包括本数。

2. 事故报告

事故发生后，事故现场有关人员应当立即向本单位负责人报告；单位负责人接到报告后，应当于一小时内向事故发生地县级以上人民政府安全生产监督管理部门和负有安全生产监督管理职责的有关部门报告。

情况紧急时，事故现场有关人员可以直接向事故发生地县级以上人民政府安全生产监督管理部门和负有安全生产监督管理职责的有关部门报告。

事故报告应当及时、准确、完整，任何单位和个人对事故不得迟报、漏报、谎报或者瞒报。

3. 事故现场处理

事故发生后，有关单位和人员应当妥善保护事故现场以及相关证据，任何单位和个人不得破坏事故现场、毁灭相关证据。

因抢救人员、防止事故扩大以及疏通交通等原因，需要移动事故现场物件的，应当做出标志，绘制现场简图并做出书面记录，妥善保存现场重要痕迹、物证。

4. 事故报告与调查处理的相关法律责任

《生产安全事故报告和调查处理条例》第三十六条规定：事故发生单位及其有关人员有下列行为之一的，对事故发生单位处100万元以上500万元以下的罚款；对主要负责人、直接负责的主管人员和其他直接责任人员处上一年年收入60%～100%的罚款；属于国家工作人员的，依法给予处分；构成违反治安管理行为的，由公安机关依法给予治安管理处罚；构成犯罪的，依法追究刑事责任：

(1) 谎报或者瞒报事故的;
(2) 伪造或者故意破坏事故现场的;
(3) 转移和隐匿资金、财产,或者销毁有关证据、资料的;
(4) 拒绝接受调查或者拒绝提供有关情况和资料的;
(5) 在事故调查中作伪证或者指使他人作伪证的;
(6) 事故发生后逃匿的。

六、化工企业安全生产禁令

1. 生产厂区的十四个不准

(1) 加强明火管理,厂区内不准吸烟。
(2) 生产区内,不准未成年人进入。
(3) 上班时间,不准睡觉、干私活、离岗和做与生产无关的事。
(4) 在班前、班上不准喝酒。
(5) 不准使用汽油等易燃液体擦洗设备、用具和衣物。
(6) 不按规定穿戴劳动保护用品,不准进入生产岗位。
(7) 安全装置不齐全的设备不准使用。
(8) 不是自己分管的设备、工具不准动用。
(9) 检修设备时安全措施不落实,不准开始检修。
(10) 停机检修后的设备,未经彻底检查,不准启用。
(11) 未办高处作业证,不系安全带,脚手架、跳板不牢,不准登高作业。
(12) 不准违规使用压力容器等特种设备。
(13) 未安装触电保护器的移动式电动工具,不准使用。
(14) 未取得安全作业证的职工,不准独立作业;特殊工种职工,未经取证,不准作业。

2. 操作工的六严格

(1) 严格执行交接班制。
(2) 严格进行巡回检查。
(3) 严格控制工艺指标。
(4) 严格执行操作法(票)。
(5) 严格遵守劳动纪律。
(6) 严格执行安全规定。

3. 动火作业六大禁令

(1) 动火证未经批准,禁止动火。
(2) 不与生产系统可靠隔绝,禁止动火。
(3) 不清洗,置换不合格,禁止动火。
(4) 不消除周围易燃物,禁止动火。
(5) 不按时做动火分析,禁止动火。
(6) 没有消防措施,禁止动火。

4. 进入容器、设备的八个必须

(1) 必须申请、办证,并取得批准。

(2) 必须进行安全隔绝。

(3) 必须切断动力电,并使用安全灯具。

(4) 必须进行置换、通风。

(5) 必须按时间要求进行安全分析。

(6) 必须佩戴规定的防护用具。

(7) 必须有人在器外监护,并坚守岗位。

(8) 必须有抢救后备措施。

5. 机动车辆七大禁令

(1) 严禁无证、无令开车。

(2) 严禁酒后开车。

(3) 严禁超速行车和空挡溜车。

(4) 严禁带病行车。

(5) 严禁人货混载行车。

(6) 严禁超标装载行车。

(7) 严禁无阻火器车辆进入禁火区。

任务实施

借助网络、报纸杂志和图书资料,围绕本课程所学内容,教师按实际化工厂的安全文化进行介绍,学生制作企业文化宣传板。要求内容新颖,结合工厂实际,板面图文并茂。

学生分组完成,最后选出最佳作品,放实训室展示板展示。评分标准见下表。

项目	评分标准	分数	总计
主题内容	符合国家法律法规和安全生产政策、方针,有针对性,有理有据,说服力强	20	45
	符合现代化工企业安全管理实际	10	
	内容符合主题要求,图片真实、实例典型	15	
格式结构	思路清晰、整体美观	5	15
	层次分明、结构合理	5	
	布局严谨、完整、自然	5	
背景创新	语言沟通流畅、符合逻辑	5	20
	安全术语使用准确得当,无歧义	5	
	背景明显、突出主题	5	
	独立完成无抄袭	5	
亮点	结合化工安全内容,对后续学习有一定指导意义	10	20
	对安全文化理解较深入	5	
	视角独特	5	

任务三　企业安全文化的建设

案例引入

2002年某厂的6号炉员工进行转注，备注井离站区较远，要经过近千米的固定管网才能到井口，由于注汽井处于苇田区域，部分区域积水较深。该员工为求方便，冒险爬上固定管网并在上面行走，走到大约400m位置时，由于管网保温松动，该员工不小心从2.5m高的固定管网上滑落到水中，当时管网下的水较深，该员工奋力游动近20m才到达安全位置。

事故警示：应该提高风险认识、警惕性、防范组织能力，进一步提升安全生产意识，把企业的安全文化建设渗透到每名员工的日常工作中，培养员工"安全生产、健康生活"的生产理念。

任务导入

掌握企业安全文化建设的内容及意义。

知识准备

20世纪90年代以来，我国企业的安全生产状况不断恶化，事故率持续居高不下，形成新中国成立以来第四次事故高峰，特别是期间连续发生的一些特大恶性事故，影响深远，教训惨痛，引起社会各界人士的普遍关注。如何把事故控制住，把事故率降下来，更是成为安全科学领域研讨的热点。有学者认为，此种情况的出现与我国正处于由社会主义计划经济体制向社会主义市场经济体制转变的时期有着必然的联系。因为在企业转轨的同时，相应地适合社会主义市场经济体制的安全管理体制并未真正地建立起来，且人们的安全意识水平还远未达到市场经济的要求。然而，我国经济体制改革的步伐必将不可逆转地继续下去。正是在这一特定背景、特殊时期，我国的安全科学领域开展了关于"安全文化"的大研讨，并期望通过倡导企业安全文化建设遏制企业事故率的增长势头。倡导企业安全文化建设，对于从根本上提高我国企业的安全水平无疑具有深远意义，但要保证企业安全文化建设能够收到实效，首先要正确认识以下问题。

M2-1 企业主体责任履行要点

一、企业安全文化建设的内涵

安全文化作为一个概念是1986年国际原子能机构，在总结切尔诺贝利事故中人为因素的基础上提出的，定义为"存在于单位和个人的种种特性和态度的总和"。"安全文化"概念的提出及被认同标志着安全科学已发展到一个新的阶段，同时又说明安全问题正受到越来越多的关注和认识。而倡导和推进企业安全文化建设的主要目的，是提高企业全员对企业安全生产问题的认识程度及提高企业全员的安全意识水平。而目前在推进企业安全文化建设中有一种倾向，即把搞好企业安全生产的所有工作都称之为企业安全文化建设，将"企业安全文化建设"这一概念的内涵无限扩大化。如果"企业安全文化"没有特定的内涵，则"企业安全文化"这一提法也就大大降低了它的存在意义。在《辞海》中对"文化"的诠释有广义和狭义之分，广义指人类社会历史实践过程中所创造的物质财富和精神财富的总和；狭义指社会的意识形态以及与之相应的制度和组织机构。因此，"企业安全文化"中之"文化"取其狭义为妥，因而"企业安全文化建设"的落脚点应是"人的安全意识以及与之相应的安全生产制度和安全组织机关的建设"。

二、企业安全文化建设的必要性和重要性

1. 正确认识开展企业文化建设的必要性

开展企业安全文化建设的最终目的是实现企业安全生产，降低事故率。应当承认，在我国安全法制尚不健全的今天，企业安全管理仍脱离不了"人治"的阴影。因而企业安全生产状况的好坏，与企业负责人的重视程度有密切关系。企业负责人对安全生产重视，必然会在各个方面重视安全投入。可以说，目前撤、并、减相当数量的企业安全部门及安全技术人员的现象不会在企业负责人对安全生产认识深刻的企业发生。开展企业安全文化建设最重要的意义在于将企业安全生产问题提高到一个新的认识高度，而这一点恰恰是企业做好自身安全生产的内在动力。做好企业安全文化建设也是贯彻"安全第一，预防为主"方针的重要途径。企业安全文化建设是提高企业安全生产水平的基础工程，做好企业安全文化建设的必要性显而易见。在此基础上，随着我国安全生产法规的不断完善，即企业安全的外部约束力的不断增强，我国企业安全生产水平必将更上一层楼。

2. 正确认识倡导企业安全文化建设的重要性

如前所述，企业安全文化建设的一个重要任务就是要提高企业全员的安全意识，形成正确的企业安全价值观。事实上，安全意识薄弱是我国企业安全生产持续在低水平徘徊的一个重要原因。安全意识支配着人们在企业中的安全行为，由于人们实践活动经验的不同和自身素质的差异，对安全的认识程度不同，安全意识就会出现差别。安全意识的高低将直接影响安全的效果。安全意识好的人往往具有较强的安全自觉性，就会积极地、主动地对各种不安全因素和恶劣的工作环境进行改造；反之，安全意识差的人则对所从事的工作领域中的各种危险认识不足或察觉不到，当出现各种灾害时反应迟钝。如20世纪80年代我国哈尔滨市一宾馆发生特大火灾时，多数日本人能死里逃生，而与其同住的其他国家的人却多数遇难。这正是日本人从小接受防火教育、安全意识强、逃生能力强的结果。因此，只有充分认识到安全意识的重要性，才能充分理解企业安全文化建设的重要性。

三、企业安全文化建设过程中应注意的问题

1. 企业安全文化建设应该因地制宜、因人制宜、因时制宜

企业安全文化建设的内容是非常丰富的。由于不同的企业各具特点，即企业生产的安全状况不同，全员素质不同，并且企业安全文化建设中不同企业所提供的人力、物

力不同，因而在进行企业安全文化建设时，首先应正确认识本企业的特点，确定企业安全文化建设的重点，具有针对性，以形成星火燎原之势。如企业的安全组织机构不健全的首先要健全安全组织机构，安全生产责任制不明确的要进一步明确，做到各司其职，这些都是做好企业安全生产及企业安全文化建设不可或缺的基础；企业安全管理的内容、方法不适应现阶段特点的要重新修订，要体现与时俱进的精神；安全教育效果不佳的要开动脑筋，在计划翔实的基础上开展形式多样的教育等等。总之，要找出本企业在安全生产上的薄弱环节，因势利导地推动企业安全文化建设，才能取得事半功倍的效果。

2. 正确认识开展企业安全文化建设对解决企业事故高发问题的作用

造成事故高发的原因是多方面的。事实上，我国的安全生产水平与发达国家相比一直存在着很大的差距。造成这种差距与我国国情密切相关。在我国，不论是人的安全素质、设备的安全状况，还是安全法规的建设、安全管理体制的完善程度均与国外工业发达的国家有较大的差距。众所周知，造成企业事故的原因是多方面的，如人的因素、物的因素、环境的因素，其中最主要的原因是人的因素。而开展企业事故安全文化建设最直接的作用是提高企业人员的安全素质、安全意识水平。领导者安全意识的提高有助于加大安全投入的力度，一线工人安全意识的提高有助于人为失误率的降低，这些对降低企业事故率无疑是非常重要的。然而人的安全素质、安全意识的提高绝不是一朝一夕的事情，这需要经历一个潜移默化的过程。对此，必须要有一个清醒的认识，那种认为"只要进行企业安全文化教育就能迅速扼制企业事故高发势头"的想法是不现实的。因此，必须在紧抓企业安全文化建设的同时，努力做好加快安全法规建设的力度和步伐，完善宏观管理体制，提高生产设备的安全水平，健全社会对企业安全生产的监督机制等工作，才能改变我国企业目前的安全生产状况。此外，在推进企业安全文化建设的过程中还需注意解决好以下几个问题。

（1）真正树立"安全第一"的意识，必须确立"人是最宝贵的财富""人的安全第一"的思想，这是提高企业人员安全意识的思想基础，是最为关键的问题。只有对这一问题有了统一正确的认识，在组织生产时才能把安全生产作为企业生存与发展的第一因素和保证条件；当生产与安全发生矛盾时，才能做到生产服从安全。

（2）树立"全员参与"意识，尤其是使一线工人真正关注并积极参与其中。要做到这一点，仅靠政治思想工作是不够的，而必须采取实际措施，如定期召开有一线工人参加的安全会议；通过多种渠道使工人随时了解企业当时的安全状况；定期更换安全宣传主题以吸引职工对安全的注意力；定期进行有奖竞猜活动以提高职工的参与积极性等。

（3）进一步强化安全教育。企业内部的安全教育应该是年年讲、月月讲、天天讲，应该像知名企业宣传其产品的广告一样不厌其烦、形象生动地传播安全知识，使安全知识在职工的记忆中不断被强化，才能收到良好的效果。如在1994年新疆克拉玛依友谊宾馆特大火灾中，一名十岁的小学生拉着他的表妹一起跑进厕所避难并得以生还，他的这一急中生智的逃生方法正是在看电影时得知的。安全教育作用由此可见一斑。

四、危险化学品生产单位安全标准化管理

1. 安全生产标准化的内涵

根据《企业安全生产标准化基本规范》（GB/T 33000—2016），安全生产标准化，简称安全标准化，是指通过建立安全生产责任制，制定安全管理制度和操作规程，排查治理隐患和监控重大危险源，建立预防机制，规范生产行为，使各生产环节符合有关安全生产法律法规和标准规范的要求，人、机、物、环处于良好的生产状态，并持续改进，不断加强企业安全生产规范化建设。

安全生产标准化要求生产经营单位分析生产安全风险，建立预防机制，健全科学的安全生产责任制、安全生产管理制度和操作规程，各生产环节和相关岗位的安全工作和法律法规、标准规程的要求，达到和保持一定的标准，并持续改进、完善和提高，企业的人、机、环始终处在最好的安全状态下运行，进而保证和促进企业在安全的前提下健康快速地发展。

安全生产标准化与《中华人民共和国标准化法》中的"标准化"是不同的。《中华人民共和国标准化法》中的"标准化主要是通过制定、实施国家、行业等标准，来规范各种生产行为，以获得最佳生产秩序和社会效益的过程，二者有所不同。

2. 安全生产标准化的重要作用

目前，我国进入以重工业快速发展为特征的工业化中期，工业高速增长，加剧了煤、电、油、运等紧张的状况，加大了事故风险，安全生产工作的压力很大，如何采取适合我国经济发展现状和企业实际的安全监管方法和手段，使企业安全生产状况得以有效控制并稳定好转，是当前安全生产工作的重要命题之一。安全生产标准化体现了"安全第一、预防为主、综合治理"的安全生产方针和"以人为本，坚持安全发展"的安全生产理念，强调企业安全生产工作的规范化、科学化、系统化和法制化，强化风险管理和过程控制，注重绩效管理和持续改进，符合安全管理的基本规律，代表了现代安全管理的发展方向，是先进安全管理思想与我国传统安全管理方法、企业具体实际的有机结合，将全面提高企业安全生产水平，从而推动我国安全生产状况的根本好转。安全市场标准化具有以下重要作用：

① 安全生产标准化是全面贯彻我国安全生产法律法规、落实企业主体责任的基本手段。各行业安全生产标准化考评标准，从管理要素到设备设施要求、现场条件等，均体现了法律法规、标准规程的具体要求，以管理标准化、操作标准化、现场标准化为核心，制定符合自身特点的各岗位、工种的安全生产规章制度和操作规程，形成安全管理有章可循、有据可依、照章办事的良好局面，规范和提高从业人员的安全操作技能。通过建立健全企业主要负责人、管理人员、从业人员的安全生产责任制，将安全生产责任从企业法人落实到每个从业人员、操作岗位，强调了全员参与的重要意义，进行全员、全过程、全方位的梳理工作，全面细致地查找各种事故隐患和问题，以及与考评标准规定不符合的地方，制定切实可行的整改计划，落实各项整改措施，从而将安全生产的主体责任落实到位，促使企业安全生产状况持续好转。

② 安全生产标准化是体现先进安全管理思想、提升企业安全管理水平的重要方法。安全生产标准化是在传统的质量标准化基础上，根据我国有关法律法规的要求、企业生产

工艺特点和中国人文社会特性,借鉴国外现代先进安全管理思想,强化风险管理,注重过程控制,做到持续改进,比传统的质量标准化具有更先进的理念和方法,比国外引进的职业安全健康管理体系有更具体的实际内容,形成了一套系统的、规范的、科学的安全管理体系,是现代安全管理思想和科学方法的中国化,有利于形成和促进企业安全文化建设,促进安全管理水平的不断提升。

③ 安全生产标准化是改善设备设施状况、提高企业本质安全水平的有效途径。开展安全生产标准化活动重在基础、重在基层、重在落实、重在治本。各行业的考核标准在危害分析、风险评估的基础上,对现场设备设施提出了具体的条件,促使企业淘汰落后生产技术、设备,特别是危及安全的落后技术、工艺和装备,从根本上解决了企业安全生产的根本素质问题,提高企业的安全技术水平和生产力的整体发展水平,提高本质安全水平和保障能力。

④ 安全生产标准化是预防控制风险、降低事故发生的有效办法。通过创建安全生产标准化,对危险有害因素进行系统的识别、评估、制定相应的防范措施,使隐患排查工作制度化、规花化和常态化,切实改变运动式的工作方法,并做到可防可控,提高了企业的安全管理水平,提升设备设施的本质安全程度,其是通过作业标准化、杜绝违章指挥和违章作业现象,控制事故多发的关键因素,全面降低事故风险,将事故消灭在萌芽状态,减少一般事故,进而扭转重特大事故频繁发生的被动局面。

⑤ 安全生产标准化是建立约束机制、树立企业良好形象的重要措施。安全生产标准化强调过程控制和系统管理,将贯彻国家有关法律法规、标准规程的行为过程及结果定量化或定性化,使安全生产工作处于可控状态,并通过绩效考核、内部评审等方式、方法和手段的结合,形成了有效的安全生产激励约束机制。通过安全生产标准化,企业管理上升到一个新的水平,减少伤亡事故,提高企业竞争力,促进了企业发展,加上相关的配套政策措施及宣传手段,以及全社会关于安全发展的共识和社会各界对安全生产标准化的认同,将为达标企业树立良好的社会形象,赢得声誉、赢得社会尊重。

⑥ 安全生产标准化是建立长效机制、提高安全监管水平的有力抓手。安全生产标准化要求企业各个工作部门、生产岗位、作业环节的安全管理、规章制度和各种设备设施、作业环境,必须符合法律法规、标准规程等要求,是一项系统、全面、基础和长期的工作,克服了工作的随意性、临时性和阶段性,做到用法规抓安全,用制度保安全,实现企业安全生产工作规范化、科学化。开展安全生产标准化工作,对于实行安全许可的矿山等行业,可以全面满足安全许可制度的要求,保证安全许可制度的有效实施,最终能够达到强化源头管理的目的;对于冶金、有色、机械等无行政许可的行业,完善了监管手段,在一定程度上解决了监管缺乏手段的问题,提高了监管力度和监管水平

3. 推进危险化学品企业安全生产标准化工作的重点

做任何工作都需要突出重点,危化品企业推进安全生产标准化工作也是同样的道理,不能眉毛胡子一把抓,要能够从纷繁复杂的头绪中梳理出重点,提纲挈领地开展和推进。根据相关规定及危化品安全生产标准化工作的实际,危化品企业推进安全生产标准化工作应把握以下重点。

(1) 完善和改进安全生产条件　危险化学品企业要根据采用生产工艺的特点和涉及危险化学品的危险特性,按照国家标准和行业标准分类、分级对工艺技术、主要设备设施、

安全设施（特别是安全泄放设施、可燃气体和有毒气体泄漏报警设施等），重大危险源和关键部位的监控设施，电气系统、仪表自动化控制和紧急停车系统，公用工程安全保障等安全生产条件进行改造。危险化学品企业安全生产条件达到标准化标准后，本质安全水平要有明显提高，预防事故能力有明显增强。

（2）完善和严格履行全员安全生产责任制　危险化学品企业要建立、完善并严格履行"一岗一责"的全员安全生产责任制，尤其是要完善并严格履行企业领导层和管理人员的安全生产责任制。岗位安全生产责任制的内容要与本人的职务和岗位职责相匹配。

（3）完善和严格执行安全管理规章制度　危险化学品企业要对照有关安全生产法律法规和标准规范，对企业安全管理制度和操作规程符合有关法律法规标准情况进行全面检查和评估。把适用于本企业的法律法规和标准规范的有关规定转化为本企业的安全生产规章制度和安全操作规程，使有关法律法规和标准规范的要求在企业具体化。要建立健全和定期修订各项安全生产管理规章制度，狠抓安全生产管理规章制度的执行和落实。要经常检查工艺和操作规程；设备、仪表自动化、电气安全管理制度；巡回检查制度；定期（专业）检查等制度；安全作业规程，特别是动火、进入受限空间、拆卸设备管道、登高、临时用电等特殊作业安全规程的执行和落实情况。

五、危险化学品安全生产相关法律法规及标准

① 《中华人民共和国安全生产法》。
② 《危险化学品安全管理条例》。
③ 《安全生产许可证条例》。
④ 《使用有毒物品作业场所劳动保护条例》。
⑤ 《特种设备安全监察条例》。
⑥ 《中华人民共和国监控化学品管理条例》。
⑦ 《工作场所安全使用化学品的规定》。
⑧ 《作业场所安全使用化学品公约》。
⑨ 《作业场所安全使用化学品建议书》。
⑩ 《危险化学品生产企业安全生产许可证实施办法》。
⑪ 《危险化学品建设项目安全许可实施办法》。
⑫ 《危险货物分类和品名编号》（GB 6944—2012）。
⑬ 《危险货物品名表》（GB 12268—2012）。
⑭ 《危险化学品重大危险源辨识》（GB 18218—2018）。
⑮ 《危险化学品经营企业安全技术基本要求》（GB 18265—2019）。
⑯ 《建筑设计防火规范（2018年版）》（GB 50016—2014）。
⑰ 《石油化工企业设计防火标准（2018年版）》（GB 50160—2008）。
⑱ 《建筑物防雷设计规范》（GB 50057—2010）。
⑲ 《工作场所有害因素职业接触限值　第1部分：化学有害因素》（GBZ 2.1—2019）。
⑳ 《工作场所有害因素职业接触限值　第2部分：物理因素》（GBZ 2.2—2007）。
㉑ 《工业企业设计卫生标准》（GBZ 1—2010）。
㉒ 《常用化学危险品贮存通则》（GB 15603—1995）。

㉓《化学品分类和危险性公示 通则》(GB 13690—2009)。

㉔《化学品安全技术说明书 内容和项目顺序》(GB/T 16483—2008)。

㉕《化学品安全标签编写规定》(GB 15258—2009)。

㉖《危险货物包装标志》(GB 190—2009)。

㉗《包装储运图示标志》(GB/T 191—2008)。

㉘《工业管道的基本识别色、识别符号和安全标识》(GB 7231—2003)。

㉙《危险化学品事故应急救援预案编制导则(单位版)》。

㉚《缺氧危险作业安全规程》(GB 8958—2006)。

㉛《焊接与切割安全》(GB 9448—1999)。

㉜《职业性接触毒物危害程度分级》(GBZ 230—2010)。

㉝《有毒作业分级》(GB 12331—1990)。

㉞《铅作业安全卫生规程》(GB 13746—2008)。

㉟《危险化学品目录》(2015版)。

㊱《剧毒化学品目录》(2015版)。

任务实施

1. 借鉴杜邦公司的安全文化和理念，完善实习企业的安全管理体系。
2. 学生实习的化工企业应如何营造安全文化氛围？怎样将安全经历提升到文化层面？
3. 完善上次课制作的企业文化宣传板。

项目三

防火防爆技术

▶ 任务一 燃烧和爆炸的识别

案例引入

2021年6月13日6时42分许，位于湖北省十堰市张湾区艳湖社区的集贸市场发生重大燃气爆炸事故，造成26人死亡，138人受伤，其中重伤37人，直接经济损失约5395.41万元。事故直接原因为天然气中压钢管严重腐蚀导致破裂，泄漏的天然气在集贸市场涉事故建筑物下方河道内密闭空间聚集，遇餐饮商户排油烟管道排出的火星发生爆炸。

事故警示：安全发展理念树得不牢，防范化解重大风险不深入、不细致，应对突发事件能力普遍不足，临危处置能力不足，关键人员没有发挥关键作用，企业主体责任严重缺失。

任务导入

掌握燃烧和爆炸的基础知识。

知识准备

一、燃烧的基础知识

燃烧是一种复杂的物理化学过程。燃烧过程具有发光、发热、生成新物质三个特征。

1. 燃烧条件

燃烧是有条件的，它必须在可燃物质、助燃物质和点火源这三个基本条件同时具备时才能发生。

(1) 可燃物质　可以把所有物质分为可燃物质、难燃物质和不可燃物质三类。可燃物质是指在火源作用下能被点燃，并且当点火源移去后能继续燃烧直至燃尽的物质；难燃物质为在火源作用下能被点燃，当点火源移去后不能维持继续燃烧的物质；不可燃物质是指在正常情况下不会被点燃的物质。可燃物质是防火防爆的主要研究对象。

凡能与空气、氧气或其他氧化剂发生剧烈氧化反应的物质，都可称之为可燃物质。可燃物质种类繁多，按物理状态可分为气态、液态和固态三类。化工生产中使用的原料、生产中的中间体和产品很多都是可燃物质。气态如氢气、一氧化碳、液化石油气等；液态如汽油、甲醇、酒精等；固态如煤、木炭等。

(2) 助燃物质　凡是具有较强的氧化能力，能与可燃物质发生化学反应并引起燃烧的物质均称为助燃物。例如空气、氧气、氯气、氟和溴等物质。

(3) 点火源　凡能引起可燃物质燃烧的能源均可称之为点火源。常见的点火源有明火、电火花、炽热物体等。

可燃物、助燃物和点火源是导致燃烧的三要素，缺一不可，是必要条件。上述"三要素"同时存在，燃烧能否实现，还要看是否满足了数值上的要求。在燃烧过程中，当"三要素"的数值发生改变时，也会使燃烧速度改变甚至停止燃烧。例如，空气中氧的浓度降到 14%～16% 时，木柴的燃烧便立即停止。如果在可燃气体与空气的混合物中，降低可燃气体的比例，则燃烧速度会减慢，甚至停止燃烧。例如氢气在空气中的浓度小于 4% 时就不能点燃。点火源如果不具备一定的温度和足够的热量，燃烧也不会发生。例如飞溅的火星可以点燃油棉丝或刨花，但火星如果溅落在大块的木柴上，它会很快熄灭，不能引起木柴的燃烧。这是因为这种点火源虽然有超过木柴着火的温度，但却缺乏足够的热量。因此，对于已经进行着的燃烧，若消除"三要素"中的一个条件，或使其数量足够地减少，燃烧便会终止，这就是灭火的基本原理。

2. 燃烧过程

可燃物质的燃烧都有一个过程，这个过程随着可燃物质的状态不同，其燃烧过程也不同。气体最容易燃烧，只要达到其氧化分解所需的热量便能迅速燃烧。可燃液体的燃烧并不是液体与空气直接反应而燃烧，而是先蒸发为蒸气，蒸气再与空气混合而燃烧。对于可燃固体：若是简单物质，如硫、磷及石蜡等，受热时经过熔化、蒸发、与空气混合而燃烧；若是复杂物质，如煤、沥青、木材等，则是先受热分解出可燃气体和蒸气，然后与空气混合而燃烧，并留下若干固体残渣。由此可见，绝大多数可燃物质的燃烧是在气态下进行的，并产生火焰。有的可燃固体如焦炭等不能成为气态物质，在燃烧时呈炽热状态，而不呈现火焰。

综上所述，根据可燃物质燃烧时的状态不同，燃烧有气相和固相两种情况。气相燃烧是指在进行燃烧过程中，可燃物和助燃物均为气体，这种燃烧的特点是有火焰产生。气相燃烧是一种最基本的燃烧形式。固相燃烧是指在燃烧反应过程中，可燃物质为固态，这种燃烧亦称为表面燃烧，这种燃烧的特点是没有火焰产生，只呈现光和热，例如上述焦炭的燃烧。一些物质的燃烧既有气相燃烧，也有固相燃烧，例如煤的燃烧。

3. 燃烧类型

根据燃烧的起因不同，燃烧可分为闪燃、着火和自燃三类。

(1) 闪燃和闪点　可燃液体的蒸气（包括可升华固体的蒸气）与空气混合后，遇到明火而引起瞬间（延续时间少于 5s）燃烧，称为闪燃。液体能发生闪燃的最低温度，称为该液体的闪点。闪燃往往是着火先兆，可燃液体的闪点越低，越易着火，火灾危险性越大。部分可燃液体的闪点见表 3-1。

表 3-1　部分可燃液体的闪点

液体名称	闪点/℃	液体名称	闪点/℃
乙醚	−45	甲苯	4.4
汽油	−42.8	甲醇	11
戊烷	<−40	乙醇	11.1
二硫化碳	−30	丙醇	15
己烷	−21.7	乙酸丁酯	22
甲酸甲酯	<−20	氯苯	28
丙酮	−19	丁醇	29
氰化氢	−17.8	二甲苯	30
苯	−11.1	乙酸	40
乙酸甲酯	−10	乙酸酐	49
乙酸乙酯	−4.4	二氯苯	66
庚烷	−4		

应当指出，可燃液体之所以会发生一闪即灭的闪燃现象，是因为它在闪点的温度下蒸发速度较慢，所蒸发出来的蒸气仅能维持短时间的燃烧，来不及提供足够的蒸气补充维持稳定的燃烧。

除了可燃液体以外，某些能蒸发出蒸气的固体，如石蜡、樟脑、萘等，其表面上所产生的蒸气可以达到一定的浓度，与空气混合而成为可燃的气体混合物，若与明火接触，也能出现闪燃现象。

(2) 着火与燃点　可燃物质在有足够助燃物（如充足的空气、氧气）的情况下，有点火源作用引起的持续燃烧现象，称为着火。使可燃物质发生持续燃烧的最低温度，称为燃点或着火点。燃点越低，越容易着火。一些可燃物质的燃点见表 3-2。

表 3-2　一些可燃物质的燃点

物质名称	燃点/℃	物质名称	燃点/℃
樟脑	70	有机玻璃	260
石蜡	158～195	聚氯乙烯	400
赤磷	160	聚丙烯	400
硝酸纤维	180	聚乙烯	400
松香	216	乙酸纤维	482
硫黄	255	吡啶	482

可燃液体的闪点与燃点的区别是：在燃点时燃烧的不仅是蒸气，还有液体（即液体已达到燃烧温度，可提供保持稳定燃烧的蒸气）。另外，在闪点时移去火源后闪燃即熄灭，而在燃点时则能继续燃烧。

控制可燃物质的温度在燃点以下是预防发生火灾的措施之一。在火场上，如果有两种燃点不同的物质处在相同的条件下，受到火源作用时，燃点低的物质首先着火。用冷却法灭火，其原理就是将燃烧物质的温度降到燃点以下，使燃烧停止。

(3) 自燃和自燃点　可燃物质受热升温而不需明火作用就能自行着火燃烧的现象，称为自燃。可燃物质发生自燃的最低温度，称为自燃点。自燃点越低，则火灾危险性越大。一些可燃物质的自燃点见表 3-3。

表 3-3　一些可燃物质的自燃点

物质名称	自燃点/℃	物质名称	自燃点/℃
黄磷	30	二甲苯	465
二硫化碳	102	丙烷	466
乙醚	170	乙酸甲酯	475
硫化氢	260	乙酸	485
汽油	280	乙烷	515
乙酸酐	315	甲苯	535
煤	320	丙酮	537
丁醇	340	甲烷	537
丁烷	365	萘	540
乙酸戊酯	375	水煤气	550~650
煤油	380~420	天然气	550~650
重油	380~425	苯	555
原油	380~530	氯苯	590
丙醇	405	一氧化碳	605
乙醇	422	氨	630
乙苯	430	焦炉气	640
甲胺	430	乌洛托品	685
甲醇	455	半水煤气	700

化工生产中,由于可燃物质靠近蒸气管道,当被加热或烘烤过度时,化学反应的局部过热。在密闭容器中加热温度高于自燃点的可燃物一旦泄漏,均可发生可燃物质自燃。

4. 热值和燃烧温度

(1) 热值　所谓热值,是指单位质量或单位体积的可燃物质完全燃烧时所放出的热量。可燃性固体和可燃性液体的热值可以"J/kg"表示,可燃气体的热值可以"J/m³"(标准状态)表示。可燃物质燃烧爆炸时所达到的最高温度、最高压力及爆炸力等均与物质的热值有关。部分物质的热值与燃烧温度见表 3-4。

表 3-4　部分物质的热值与燃烧温度

物质的名称	热值		燃烧温度/℃
	可燃固体和液体 /($\times 10^6$ J/kg)	可燃气体 /($\times 10^6$ J/m³)	
甲烷	—	39.4	1800
乙烷	—	69.3	1895
乙炔	—	58.3	2127
甲醇	23.9	—	1100
乙醇	31.0	—	1180
丙酮	30.9	—	1000
乙醚	36.9	—	2861
原油	44.0	—	1100
汽油	46.9	—	1200
煤油	41.4~46.0	—	700~1030
氢气	—	10.8	1600
一氧化碳	—	12.7	1680
二硫化碳	14.0	12.7	2195
硫化氢	—	25.5	2110
液化气	—	10.5~11.4	2020
天然气	—	35.5~39.5	2120
硫	10.4	—	1820
磷	25.0	—	—

(2) 燃烧温度　可燃物质燃烧时所放出的热量，一部分被火焰辐射散失，而大部分则消耗在加热燃烧上。由于可燃物质所产生的热量是在火焰燃烧区域内放出的，因而火焰温度也就是燃烧温度。部分可燃物质的燃烧温度见表3-4。

二、爆炸的基础知识

爆炸是物质在瞬间以机械功的形式释放出大量气体和能量的现象。由于物质状态的急剧变化，爆炸发生时会使压力猛烈增高并产生巨大的声响。其主要特征是压力的急剧升高。

上述所谓"瞬间"，是指爆炸发生于极短的时间内。例如乙炔罐里的乙炔与氧气混合发生爆炸时，大约是在1/100s内完成下列化学反应的：

$$2C_2H_2 + 5O_2 \longrightarrow 4CO_2 + 2H_2O + Q$$

同时释放出大量热量和二氧化碳、水蒸气等气体，使罐内压力升高10～13倍，其爆炸威力可以使罐体升空20～30m。这种克服地心引力将重物举高一段距离所做的功，称为机械功。

在化工生产中，一旦发生爆炸，就会酿成工伤事故，造成人身和财产的巨大损失，使生产受到严重影响。

1. 爆炸的分类

（1）按照爆炸能量来源的不同分类

① 物理性爆炸。是由物理因素（如温度、体积、压力等）变化而引起的爆炸现象。在物理性爆炸的前后，爆炸物质的化学成分不改变。

锅炉的爆炸就是典型的物理性爆炸，其原因是过热的水迅速蒸发出大量蒸汽，使蒸汽压力不断提高，当压力超过锅炉的极限强度时，就会发生爆炸。又如氧气钢瓶受热升温，引起气体压力增高，当压力超过钢瓶的极限强度时即发生爆炸。发生物理性爆炸时，气体或蒸气等介质潜藏的能量在瞬间释放出来，会造成巨大的破坏和伤害。

② 化学性爆炸。使物质在短时间内完成化学反应，同时产生大量气体和能量而引起的爆炸现象。化学性爆炸前后，物质的性质和化学成分均发生了根本的变化。

例如用来制造炸药的硝化棉在爆炸时放出大量热量，同时生成大量气体（CO、CO_2、H_2和水蒸气等），爆炸时的体积突然增大47万倍，燃烧在万分之一秒内完成。因而会对周围物体产生毁灭性的破坏作用。

（2）按照爆炸的顺时燃烧速度分类

① 轻爆。物质爆炸时的燃烧速度为每秒数米，爆炸无太大破坏力，声响也不大。如无烟火药在空气中的快速燃烧，可燃气体混合物在接近爆炸浓度上限或下限时的爆炸即属于此类。

② 爆炸。物质爆炸时的燃烧速度为每秒十几米至数百米，爆炸时能在爆炸点引起压力激增，有较大的破坏力，有震耳的声响。可燃气体混合物在多数情况下的爆炸，以及被压火药遇火源引起的爆炸即属于此类。

③ 爆轰。物质爆炸的燃烧速度为1000～7000m/s。爆轰的特点是突然引起极高压力，并产生超音速的"冲击波"。由于在极短时间内燃烧产物急剧膨胀，像活塞一样挤压其周围气体，反应所产生的能量有一部分传给被压缩的气体层，于是形成的冲击波迅速传播并

能远离爆轰的发源地而独立存在,同时可引起该处的其他爆炸性气体混合物发生爆炸,从而发生一种"殉爆"现象。

2. 化学性爆炸物质

根据爆炸时所进行的化学反应,化学性爆炸物质可分为以下几种:

(1) 简单分解的爆炸物　这类物质在爆炸时分解为元素,并在分解过程中产生热量。属于这一类的物质有乙炔铜、乙炔银、碘化氮、叠氮铅等。这类容易分解的不稳定物质,其爆炸危险性是很大的,受摩擦、撞击、甚至轻微震动即可能发生爆炸。如乙炔银受摩擦或撞击时的分解爆炸:

$$Ag_2C_2 \longrightarrow 2Ag+2C+Q$$

(2) 复杂分解的爆炸物　这类物质包括各种含氧炸药,其危险性较简单分解的爆炸物稍低,含氧炸药在发生爆炸时伴有燃烧反应,燃烧所需的氧由物质本身分解供给。如苦味酸、梯恩梯、硝化棉等都属此类。

(3) 可燃性混合物　是指由可燃物质与助燃物质组成的爆炸物质。所有可燃气体、蒸气和可燃粉尘与空气(或氧气)组成的混合物均属此类。如一氧化碳与空气混合的爆炸反应:

$$2CO+O_2 \longrightarrow 2CO_2+Q$$

这类爆炸实际上是在火源作用下的一种瞬间燃烧反应。

通常称可燃性混合物为有爆炸危险的物质,它们只是在适当的条件下,才会成为危险的物质。这些条件包括可燃物质的浓度、氧化剂浓度以及点火能量等。

3. 爆炸极限及其影响因素

(1) 爆炸极限　可燃性气体、蒸气或粉尘与空气组成的混合物,并不是在任何浓度下都会发生燃烧或爆炸,而是必须在一定的浓度比例范围内才能发生燃烧和爆炸。混合的比例不同,其爆炸的危险程度亦不同。例如,一氧化碳与空气构成的混合物在火源作用下的燃爆试验情况如下:

CO 在混合物中所占体积/%	燃爆情况
<12.5	不燃不爆
12.5	轻度燃爆
12.5~30	燃爆逐步加强
30	燃爆最强烈
30~80	燃爆逐渐减弱
>80	不燃不爆

M2-2 燃烧爆炸案例分析

上述试验情况说明:可燃性混合物有一个发生燃烧和爆炸的浓度范围,即有一个最低浓度和最高浓度。混合物中的可燃物只有在这两个浓度之间,才会有燃爆危险。通常将最低浓度称为爆炸下限,最高浓度称为爆炸上限。混合物浓度低于爆炸下限时,由于混合物浓度不够及过量空气的冷却作用,阻止了火焰的蔓延;混合物浓度高于爆炸上限时,则由于氧气不足,使火焰不能蔓延。可燃性混合物的爆炸下限越低、爆炸极限范围越宽,其爆炸的危险性越大。

必须指出,对于浓度在爆炸上限以上的混合物决不能认为是安全的,因为一旦补充进空气就具有危险性了。一些气体和液体蒸气的爆炸极限见表3-5。

表 3-5　一些气体和液体蒸气的爆炸极限

物质名称	爆炸极限/%		物质名称	爆炸极限/%	
	下限	上限		下限	上限
煤油	0.7	5.0	丙酮	2.5	13.0
二硫化碳	1.0	60.0	乙烯	2.7	34.0
邻二甲苯	1.0	7.6	乙烷	3.0	15.5
苯	1.2	8.0	乙醇	3.5	19.0
甲苯	1.2	7.0	乙酸	4.0	17.0
乙酸丁酯	1.2	7.6	氢气	4.0	75.6
氯苯	1.3	11.0	硫化氢	4.3	45.0
丁醇	1.4	10.0	天然气	4.5	13.5
汽油	1.4	7.6	甲烷	5.0	15.0
乙炔	1.5	82.0	城市煤气	5.3	32
丁烷	1.5	8.5	甲醇	5.5	36.0
丙醇	1.7	48.0	氰化氢	5.6	41.0
乙醚	1.7	48.0	甲醛	7.0	73.0
丙烷	2.1	9.5	一氧化碳	12.5	74.0
乙酸乙酯	2.1	11.5	氨	15.0	28.0

(2) 爆炸极限的影响因素　可燃气体、蒸气的爆炸极限受许多因素影响，表 3-5 给出的是常温常压下爆炸极限数值，当温度、压力及其他因素发生变化时，爆炸极限也会发生变化。

① 温度。一般情况下爆炸性混合物的原始温度越高，爆炸极限范围越大。所以温度升高会使爆炸的危险性增大。

② 压力。一般情况下压力越高，爆炸极限范围越大，尤其是爆炸上限显著提高。因此，减压操作有利于减小爆炸的危险性。

③ 惰性介质及杂物。一般情况下惰性介质的加入可以缩小爆炸极限范围，当其浓度高到一定数值时可使混合物不发生爆炸。杂物的存在对爆炸极限的影响较为复杂，如少量硫化氢的存在会降低水煤气在空气混合物中的燃点，使其更易爆炸。

④ 容器。容器直径越小，火焰在其中越难蔓延，混合物的爆炸极限范围则越小。可燃气体混合物在一定的管径范围，火焰传播速度随着管径的减小而减速，当混合物在临界管径或小于临界管径时，便不再燃烧。可燃气体混合物在管中火焰不再传播的最大管径称临界直径，如甲烷的临界直径为 0.4～0.5cm，氢和乙炔为 0.1～0.2cm。可燃气体混合物在小于 15cm 管径中流动时为层流运动，火焰传播速度一般在层流状态下测出。

⑤ 氧含量。混合物中含氧量增加，爆炸极限范围扩大，尤其是爆炸上限显著提高。可燃气体在空气中和纯氧中的爆炸极限范围的比较见表 3-6。

⑥ 点火源。点火源的能量、热表面的面积以及点火源与混合物的作用时间等均对爆炸极限有影响。

表 3-6　可燃气体在空气中和纯氧中的爆炸极限范围

物质名称	在空气中的爆炸极限/%	在纯氧中的爆炸极限/%
甲烷	5.0～15.0	5.0～61.0
乙烷	3.0～15.5	3.0～66.0
丙烷	2.1～9.5	2.3～55.0
丁烷	1.5～8.5	1.8～49.0
乙烯	2.7～34.0	3.0～80.0
乙炔	1.5～82.0	2.8～93.0
氢	4.0～75.6	4.0～95.0
氨	15.0～28.0	13.5～79.0
一氧化碳	12.5～74.0	15.5～94.0

各种爆炸性混合物都有一个最低引爆能量，即点火能量。它是混合物爆炸危险性的一项重要参数。爆炸性混合物的点火能量越小，其燃爆危险性就越大。

4. 粉尘爆炸及其影响因素

(1) 粉尘爆炸　人们很早就发现某些粉尘具有发生爆炸的危险性。如煤矿里的煤尘爆炸，磨粉厂、谷仓里的粉尘爆炸，镁粉、碳化钙粉尘等与水接触后引起的自燃或爆炸等。

粉尘爆炸是粉尘粒子表面和氧作用的结果。当粉尘表面达到一定温度时，由于热分解或干馏作用，粉尘表面会释放出可燃性气体，这些气体与空气形成爆炸性混合物而发生粉尘爆炸。因此，粉尘爆炸的实质是气体爆炸。使粉尘表面温度升高的原因主要是热辐射的作用。

(2) 粉尘爆炸的影响因素

① 物理化学性质。燃烧热越大的粉尘越易引起爆炸，例如煤尘、炭、硫等；氧化速率越大的粉尘越易引起爆炸，如煤、燃料等；越易带静电的粉尘越易引起爆炸；粉尘所含的挥发分越大越易引起爆炸，如当煤粉中的挥发分低于10%时就不会发生爆炸。

② 粉尘颗粒大小。粉尘的颗粒越小，其比表面积越大（比表面积是指单位质量或单位体积的粉尘所具有的总表面积），化学活性越强，燃点越低，粉尘的爆炸下限越小，爆炸的危险性越大。爆炸粉尘的粒径范围一般为0.1~100μm左右。

③ 粉尘的悬浮性。粉尘在空气中停留的时间越长，其爆炸的危险性越大。粉尘的悬浮性与粉尘的颗粒大小、粉尘的密度、粉尘的形状等因素有关。

④ 空气中粉尘的浓度。粉尘的浓度通常用单位体积中粉尘的质量来表示，其单位为 mg/m^3。空气中粉尘只有达到一定的浓度，才可能发生爆炸。因此粉尘爆炸也有一定的浓度范围，即有爆炸下限和爆炸上限。由于通常情况下，粉尘的浓度均低于爆炸浓度下限，因此粉尘的爆炸上限浓度很少使用。表3-7列出了部分粉尘的爆炸下限。

表3-7　部分粉尘的爆炸下限

粉尘名称	云状粉尘的引燃温度/℃	云状粉尘的爆炸下限/(g/m³)	粉尘名称	云状粉尘的引燃温度/℃	云状粉尘的爆炸下限/(g/m³)
金属铝	590	37~50	聚丙烯酯	505	35~55
铁粉	430	153~240	聚氯乙烯	595	63~86
镁	470	44~59	酚醛树脂	520	36~49
炭黑	>690	36~45	硬质橡胶	360	36~49
锌	530	212~284	天然树脂	370	38~52
萘	575	28~38	砂糖粉	360	77~99
奈酚染料	415	133~184	褐煤粉		49~68
聚苯乙烯	475	27~37	有烟煤粉	595	41~57
聚乙烯醇	450	42~55	煤焦炭粉	>750	37~50

任务实施

对石油化工企业进行危险性分析，到实习企业中调查企业中的危险源并填入下表。

序号	危险源	危险标志	危险特性
1			
2			
3			

任务二　消防安全技能的运用

某生物工程公司一楼百余平方米仓库于夜间发生火灾，消防人员迅速用水将火扑灭，但未料到的是，火刚扑灭就有阵阵毒烟溢出。原来该仓库放置的是氯粉、三氯乙腈等化学物品，水与仓库中的化学药品发生了化学反应，产生的大量二氧化氯等"毒气"冲彻云霄，公安、巡警、120救护车等也迅速赶往现场。民警和消防队员挨家挨户通知上千户熟睡中的居民紧急撤离，因此尚未造成人员伤亡。

事故警示：消防部门的应急管理水平待提高，企业的风险管理和劳动纪律需要进一步加强。

掌握灭火的方法及原理、灭火剂及灭火器的选择与使用。

一、灭火方法及其原理

灭火方法主要包括窒息灭火法、冷却灭火法、隔离灭火法和化学抑制灭火法。

1. 窒息灭火法

窒息灭火法即阻止空气进入燃烧区或用惰性气体稀释空气，使燃烧因得不到足够的氧气而熄灭的灭火方法。

运用窒息法灭火时，可考虑选择以下措施：

（1）用石棉布、浸湿的棉被、帆布、沙土等不燃或难燃材料覆盖燃烧物或封闭孔洞。

（2）用水蒸气、惰性气体通入燃烧区域内。

（3）利用建筑物上原来的门、窗以及生产、储运设备上的盖、阀门等，封闭燃烧区。

（4）在条件许可的情况下，采取用水淹没（灌注）的方法灭火。

采用窒息灭火法，必须注意以下几个问题：

（1）此法适用于燃烧部位空间较小，容易堵塞封闭的房间、生产及储运设备内发生的火灾，而且燃烧区域内应没有氧化剂存在。

（2）在采用水淹方法灭火时，必须考虑到水与可燃物质接触后是否会产生不良后果，如有则不能采用。

（3）采用此法时，必须在确认火已熄灭后，方可打开孔洞进行检查。严防因过早打开封闭的房间或设备，导致"死灰复燃"。

2. 冷却灭火法

冷却灭火法即将灭火剂直接喷洒在燃烧的物体上，将可燃物质的温度降到燃点以下以终止燃烧的灭火方法。也可将灭火剂喷洒在火场附近未燃的易燃物上起冷却作用,防止其受热而起火。冷却灭火法是一种常用的灭火方法。

3. 隔离灭火法

隔离灭火法即将燃烧物质与附近未燃的可燃物质隔离或疏散开,使燃烧因缺少可燃物质而停止。隔离灭火法也是一种常用的灭火方法。这种灭火方法适用于扑救各种固体、液体和气体火灾。

隔离灭火法常用的具体措施有:

(1) 将可燃、易燃、易爆物质和氧化剂从燃烧区移出至安全地点;

(2) 关闭阀门,阻止可燃气体、液体流入燃烧区;

(3) 用泡沫覆盖已燃烧的易燃液体表面,把燃烧区与液面隔开,阻止可燃蒸气进入燃烧区;

(4) 拆除与燃烧物相连的易燃、可燃建筑物;

(5) 用水流或用爆炸等方法封闭井口,扑救油气井喷火灾。

4. 化学抑制灭火法

化学抑制灭火法是使灭火剂参与燃烧反应,起到抑制反应的作用。具体为燃烧反应中产生的自由基与灭火剂中的卤素离子相结合,形成稳定分子或低活性的自由基,从而切断了氢自由基与氧自由基的连锁反应链,使燃烧停止。

需要指出的是,窒息、冷却、隔离灭火法,在灭火过程中,灭火剂不参与燃烧反应,因而属于物理灭火方法。而化学抑制灭火法则属于化学灭火方法。

还需指出:上述四种灭火方法所对应的具体灭火措施是多种多样的;在灭火过程中,应根据可燃物的性质、燃烧特点、火灾大小、火场的具体条件以及消防技术装备的性能等实际情况采取不同的灭火措施。

二、灭火剂和灭火器

1. 水

每千克水可转化为 $1.7m^3$ 水蒸气,空气中含有 30% 的水蒸气,燃烧就会停止。

水主要用于冷却建筑物和设施,不能扑救带电设备火灾,不能扑救石油产品火灾。

2. 干粉灭火剂与灭火器

(1) 干粉灭火器按其使用范围分为:

① BC 类(普通)。扑救可燃性液体、可燃性气体及带电设备;

② ABC(多用)。扑救可燃性的固体、液体、气体及带电设备;

③ D 类。扑救轻金属火灾。

M3-1 灭火剂的分类

(2) 干粉灭火器的使用　手提式干粉灭火器使用时,应手提灭火器把手,迅速赶到着火点,占据上风方向,距着火点 3~5m,拔下保险销,一手握着喷嘴,一手用力压下压把;使用干粉灭火器时要对准火焰根部左右扫射,由近而远,直至火焰全部扑灭。灭火时灭火器要保持直立状态,不得横卧或颠倒。注意防止灭火后复燃。

推车式干粉灭火器使用时应两人操作,把推车灭火器推至距离着火点 10m 处,占据上风方向,一人迅速取下喷枪,展开软管,打开开关(喷枪开关),注意不准弯曲或打卷;示意另一人拔出保险销,向上提起扳手,对准火焰根部左右扫射,由近而远,直至火焰全部扑灭。

干粉灭火器使用示意图如图 3-1 所示。

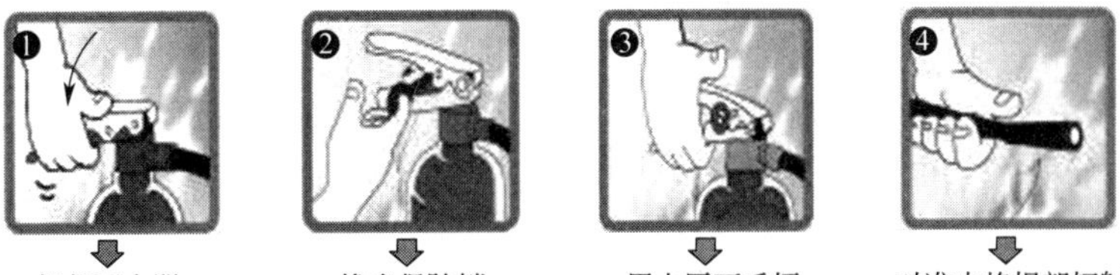

提起灭火器　　　拔出保险销　　　用力压下手柄　　　对准火焰根部扫射

图 3-1　干粉灭火器使用示意图

3．干粉灭火器的维护保养与检查

干粉灭火器应置于干燥通风处，注意防潮防晒，周围环境温度为 -10～40℃。连接部位要拧紧。干粉灭火器的维护保养与检查应注意以下几点。

（1）灭火器压力表的外表面不得有变形、损伤等缺陷，否则应更换压力表；

（2）压力表的指针应指在绿区（绿区为设计工作压力值），否则应充装驱动气体；

（3）灭火器喷嘴不得有变形、开裂、损伤等缺陷，否则应予以更换；

（4）灭火器的压把、阀体等金属件不得有严重损伤、变形、锈蚀等影响使用的缺陷，否则必须更换；

（5）检查灭火器年限是否过期，检查时用手触摸灭火器筒体底部是否有钢印；

（6）灭火器的橡胶、塑料件不得变形、变色、老化或断裂，否则必须更换；

（7）检查灭火器标识，主要检查标识的内容是否正确完整。

4．二氧化碳灭火器

在使用二氧化碳灭火器时，应首先将灭火器提到起火地点，放下灭火器，拔出保险销，一只手握住喇叭筒根部的手柄，另一只手紧握启闭阀的压把。对没有喷射软管的二氧化碳灭火器，应把喇叭筒往上扳 70°～90°。使用时，不能直接用手抓住喇叭筒外壁或金属连接管，防止手被冻伤。使用二氧化碳灭火器时，在室外使用的，应选择上风方向喷射；在室内窄小空间使用的，灭火后操作者应迅速离开，以防窒息。

二氧化碳灭火器宜扑救 600V 以下带电设备、仪表、易燃气体和燃烧面积不大的易燃液体火灾。

5．泡沫灭火器

泡沫灭火剂是指能与水混溶，并通过化学反应或机械方法产生灭火泡沫的物质，按泡沫生成机理分为化学剂和空气机械两类。由两种化学试剂的水溶液通过化学反应产生的灭火泡沫称化学剂；由机械方法把空气吸入含有少量泡沫液的水溶液中所产生的泡沫灭火剂称空气机械剂。

化学泡沫灭火器使用注意事项：

（1）手提式化学泡沫灭火器在提往火场时不能倾斜或震荡，不能肩扛，否则易使内外溶液混合而喷出。

（2）站在上风位置，尽量接近火源，喷射从边缘开始由点到面。

（3）必须一次用完，中途切勿堵住喷嘴，否则会爆炸。

三、灭火器的设置要求

（1）设置在明显或便于取用的地点，且不影响安全疏散。

（2）设置稳固，灭火器的铭牌必须朝外。

（3）手提式灭火器宜设置在挂钩、托架或灭火器箱内，其顶部距地面应小于1.5m，底部距地面距离不宜小于0.15m。

（4）不应设置在潮湿或具有腐蚀性的地点，必需时应有保护措施。

（5）不得设置在超出其使用温度范围（-10～40℃）的地点。

四、常用灭火剂及其使用选择

不同灭火器的灭火剂不同，其适用的火灾类型也不同。实际应用时，应根据灭火剂的灭火原理及火灾类型，正确选用灭火器。常用灭火剂及其适用范围见表3-8和图3-2。

表3-8 常用灭火剂及其适用范围

灭火剂种类	火灾类型				
	木材等一般火灾	可燃液体		带电设备火灾	金属火灾
		非水溶性	水溶性		
直流水	适用	不适用	不适用	不适用	不适用
泡沫灭火剂	适用	适用	不适用	不适用	不适用
二氧化碳、氮气	一般不用	适用	适用	适用	不适用
钾盐、钠盐干粉	一般不用	适用	适用	适用	不适用
碳酸盐干粉	适用	适用	适用	适用	不适用
金属火灾用干粉	不适用	不适用	不适用	不适用	适用

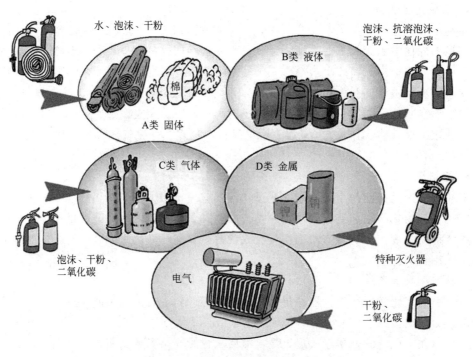

图3-2 不同灭火剂适用场景示意图

其中，水和二氧化碳是常见的灭火剂。但有些火灾类型不能使用水和二氧化碳扑救，具体见图3-3。

图 3-3 不宜用水和二氧化碳扑救的火灾

火灾中正确的逃生方法为:安全口逃生、安全绳逃生、搭桥逃生、匍匐逃生。具体的逃生示意图如图 3-4 所示。

图 3-4 逃生示意图

任务实施

1. 选用身边发生的一起火灾事故，并分析事故中用到了哪些安全知识？
2. 按下表进行干粉灭火器的灭火演练，并进行考核。

使用干粉灭火器灭火记录表　　　　　考核时间：50min

序号	考核内容	考核要点	分数	评分标准	得分	备注
1	携带灭火器跑至喷射线	奔跑中拔出保险销，跑动中灭火器不能触地	10	未拔出保险销扣10分 灭火器触地扣5分		
		灭火器底部不得正对人体	10	灭火器底部对着人体扣10分		
2	操作灭火器向油盘喷射	右手握住开启压把	10	未握住开启压把扣10分		
		左手握住喷枪	10	未握住喷枪扣10分		
		用力握紧开启压把	8	未握紧开启压把扣8分		
		对准内壁左右喷射使火焰完全熄灭	10	未对准内壁扣5分 未左右喷射扣5分 火焰未完全熄灭不计成绩		
		应占据上风或侧上风位置	20	未站在上风或侧上风位置扣20分		
		戴手套操作	10	未戴手套操作扣10分		
3	携带灭火器冲出终点线	灭火器不能触地	7	灭火器触地扣7分		
		冲出终点线后举手示意喊号	5	未举手示意喊号扣5分		
4	安全文明操作	按国家或企业颁发的有关安全规定执行操作		每违反一项规定从总分中扣分 严重违规的取消考核		
5	考核时限	在规定时间内完成		在规定时间内未完成操作的，酌情扣分		
	合计		100			

项目三 防火防爆技术

任务三 火灾扑救的方法

案例引入

2019年3月21日14时48分，位于江苏省盐城市响水县生态化工园区的天嘉宜化工有限公司发生特别重大爆炸事故，造成78人死亡、76人重伤，640人住院治疗，直接经济损失198635.07万元。发生原因是，事故企业旧固废库内长期违法贮存的硝化废料（主要成分是二硝基二酚、三硝基一酚、间二硝基苯、水和少量盐分等）持续积热升温导致自燃，燃烧引发爆炸。

事故警示：事故企业安全意识、法律意识淡薄，相关机构弄虚作假。有关环保评价机构出具虚假失实文件，导致事故企业硝化废料重大风险和事故隐患未能及时暴露，干扰误导了有关部门的监管工作。园区安全发展理念不牢。重发展轻安全，招商引资安全环保把关不严，对该公司长期存在的重大风险隐患视而不见，复产把关流于形式。

掌握初起火灾的扑救方法。

一、常见初起火灾的扑救方法

从小到大、由弱到强是大多数火灾的规律。在生产过程中，及时发现并扑救初起火灾，对保障生产安全及生命财产安全具有重大意义。因此，在化工生产中，训练有素的现场人员一旦发现火情，除了迅速报告火警之外，应果断地运用配备的灭火器材把火灾消灭在初起阶段，或使其得到有效的控制，为专业消防队赶到现场赢得时间。

1. 生产装置初起火灾的扑救

当生产装置发生火灾爆炸事故时，在场人员应迅速采取如下措施：

（1）迅速查清着火部位、着火物质的来源，及时准确地关闭阀门，切断物料来源及各种加热源；开启冷却水、消防蒸汽等，进行有效冷却或有效隔离；关闭通风装置，防止风加剧火势或火势沿通风管道蔓延，有效地控制火势以利于灭火。

（2）带有压力的设备物料泄漏引起着火时，应切断进料并及时开启泄压阀门，进行紧急放空，同时将物料排入火炬系统或其他安全部位，以利于灭火。

（3）现场当班人员应迅速果断地做出是否停车的决定，并及时向厂调度室报告情况并向消防部门报警。

（4）装置发生火灾后，当班负责人或班长应对装置采取准确的工艺措施，并充分利用现有的消防设施及灭火器材进行灭火。若火势一时难以扑灭，则要采取防止火势蔓延的措施，保护要害部位，转移危险物质。

(5) 在专业消防人员到达火场时,生产装置的负责人应主动向消防指挥人员介绍情况,说明着火部位、物质情况、设备及工艺状况,以及已采取的措施等。

2. 易燃、可燃液体储罐初起火灾的扑救

(1) 易燃、可燃液体储罐发生着火、爆炸,特别是罐区某一储罐发生着火、爆炸是非常危险的。一旦发现火情,应迅速向消防部门报警,并向厂调度室报告。报警和报告中须说明罐区的位置、着火罐的位号及储存物料的情况,以便消防部门迅速赶赴火场进行扑救。

(2) 若着火罐尚在进料,必须采取措施迅速切断进料。如无法关闭进料阀,可在消防水枪的掩护下进行抢关,或通知送料单位停止送料。

(3) 若着火罐区有固定泡沫发生站,则应立即启动该装置。开通着火罐的泡沫阀门,利用泡沫灭火。

(4) 若着火罐为压力装置,应迅速打开水喷淋设施,对着火罐和邻近储罐进行冷却保护,以防止升温、升压引起爆炸,打开紧急放空阀门进行安全泄压。

(5) 火场指挥员应根据具体情况,组织人员采取有效措施防止物料流散,避免火势扩大,并注意对邻近储罐的保护以及减少人员伤亡和火势的扩大。

3. 电气火灾的扑救

(1) 电气火灾的特点 电气设备着火时,着火场所的很多电气设备可能是带电的。扑救带电电气设备时,应注意现场周围可能存在着较高的接触电压和跨步电压;同时还有一些设备着火时是绝缘油在燃烧。如电力变压器、多油开关等设备内的绝缘油,受热后可能发生喷油和爆炸事故,进而使火灾事故扩大。

(2) 扑救时的安全措施 扑救电气火灾时,应首先切断电源。切断电源时应严格按照规程要求操作。

① 火灾发生后,电气设备绝缘已经受损,应用绝缘良好的工具操作。

② 选好电源切断点。切断电源地点要选择适当。夜间切断要考虑临时照明问题。

③ 若需剪断电线时,应注意非同相电线应在不同部位剪断,以免造成短路。剪断电线部位应在有支撑物支撑电线的地方,避免电线落地造成短路或触电事故。

④ 切断电源时如需电力等部门配合,应迅速联系,报告情况,提出断电要求。

(3) 带电扑救时的特殊安全措施 为了争取灭火时间,来不及切断电源或因生产需要不允许断电时,要注意以下几点:

① 带电体与人体保持必要的安全距离。一般室内应大于4m,室外不应小于8m。

② 选用不导电灭火剂对电气设备灭火。机体喷嘴与带电体的最小距离:电压为10kV及以下,大于0.4m;电压为35kV及以下,大于0.6m。

用水枪喷射灭火时,水枪喷嘴处应有接地措施。灭火人员应使用绝缘护具如绝缘手套、绝缘靴等并采用均压措施,其喷嘴与带电体的最小距离:电压110kV及以下,大于3m;电压220kV及以下,大于5m。

③ 对架空线路及空中设备灭火时,人体位置与带电体之间的仰角不超过45°,以防电线断落伤人。如遇带电导体断落到地面时要划清警戒区,防止跨步电压伤人。

4. 充油设备的灭火

(1) 充油设备中油的闪点多在130~140℃,一旦着火,危险性较大。如果设备外部着火,可用二氧化碳、二氟-氯-溴甲烷("1211")、干粉等灭火器带电灭火。如油箱破坏，出现喷油燃烧且火势很大时，除切断电源外，有事故油坑的，应设法将油导入油坑。油坑中及地面上的油火，可用泡沫灭火。要防止油火进入电缆沟。如油火顺沟蔓延，这时电缆沟内的火，只能用泡沫扑灭。

（2）充油设备灭火时，应先喷射边缘，后喷射中心，以免油火蔓延扩大。

5．人身着火的扑救

人身着火多数是由于工作场所发生火灾、爆炸事故或扑救火灾引起的。也有因用汽油、苯、酒精、丙酮等易燃油品和溶剂擦洗机械或衣物，遇到明火或静电火花而引起的。当人身着火时，应采取如下措施：

（1）若衣服着火又不能及时扑灭，则应迅速脱掉衣服，防止烧坏皮肤。若来不及或无法脱掉应就地打滚，用身体压灭火种。切记不可跑动，否则风助火势会造成严重后果。就地用水灭火效果会更好。

（2）如果人身溅上油类而着火，其燃烧速度很快。人体的裸露部分，如手、脸和颈部最易烧伤。此时伤痛难忍，神经紧张，会本能地以跑动逃脱。在场的人应立即制止其跑动，将其扑倒，用石棉布、海草、棉衣、棉被等物覆盖，用水浸湿后覆盖效果更好。用灭火器扑救时，注意不要对着脸部。

在现场抢救烧伤患者时，应特别注意保护烧伤部位，不要碰破皮肤，以防感染。大面积烧伤者往往会因为伤势过重而休克，此时伤者的舌头易收缩而堵塞咽喉，发生窒息而死亡。在场人员应将伤者的嘴撬开，将舌头拉出，保证呼吸畅通。同时用被褥将伤者轻轻裹起来，送往医院治疗。

二、发生火灾时的报火警方法

（1）牢记火警电话"119"。

（2）接通火警电话后，要向接警中心说清失火单位的名称、地址、着火物质、火势大小，以及火的范围。同时还要注意听清对方提出的问题，以便正确回答。

（3）把自己的电话号码和姓名告诉对方，以便联系。

（4）打完电话后，要立即派人到主要路口迎接消防车。

（5）要迅速组织人员疏散消防通道，清除障碍物，使消防车到达火场后能立即进入最佳位置灭火救援。

（6）如果着火地区发生了新的变化，要及时报告消防队，使消防队能及时改变消防战术。

任务实施

对照化工安全实训系统（秦皇岛博赫公司开发的化工安全操作平台）中火灾模拟系统，按下表进行紧急演练。

序号	演练步骤(每项20分)	得分情况(步骤完整和操作完全分别占10分)
1	会使用消防器材	
2	会报火警	
3	会扑救初起火灾	
4	会组织疏散逃生	
5	时间限制(控制在4分钟内)	

项目四 工业防毒

任务一 工业毒物的分类

案例引入

2021年1月14日,位于驻马店高新技术产业开发区的某新能源科技有限公司在1#水解保护剂罐进行保护剂扒出作业时,发生一起窒息事故,造成4人死亡、3人受伤,直接经济损失约1010万元。事故的直接原因是,作业人员违章作业,致使作业人员缺氧窒息晕倒,现场人员救援能力不足,组织混乱,导致事故扩大。

事故警示: 公司安全风险辨识不足,未明确高浓度氮气造成的窒息风险;安全技术审查把关不严,未将受限空间与危险化学品管道进行隔离;现场管理不到位,受限空间作业人员佩戴正压面罩后无紧固措施;安全投入不足,未向净化车间配备体积小、适合进出罐作业的正压式呼吸器;应急救援演练针对性不强,未开展特殊受限空间防中毒方案演练。需要增强工作人员的社会责任感和使命感。

任务导入

掌握工业毒物的毒性及分类,以及工作场所空气中有害因素职业接触限值。

> **知识准备**

一、工业毒物及其分类

1. 工业毒物与职业中毒

广而言之,凡作用于人体并产生有害作用的物质都可称之为毒物。而狭义的毒物概念是指少量进入人体就可导致中毒的物质。通常所说的毒物主要是指狭义的毒物。而工业毒物是指在工业生产过程中所使用或生产的毒物。如化工生产中所使用的原材料,生产过程中的产品、中间产品、副产品以及含于其中的杂质,生产中的"三废"排放物中的毒物等均属于工业毒物。

毒物侵入人体后与人体组织发生化学或物理化学作用,并在一定条件下破坏人体的正常生理机能,引起某些器官和系统发生暂时性或永久性的病变,这种病变就称之为中毒。在生产过程中由工业毒物引起的中毒即为职业中毒。因此判断是否为"职业中毒",首先应看三个要素是否同时具备,即"生产过程中"、"工业毒物"和"中毒",上述三要素是必要条件。

应该指出,毒物的含义是相对的。首先,物质只有在特定条件下作用于人体才具有毒性。其次,物质只要具备了一定的条件,就可能出现毒害作用。如职业中毒的发生,不仅与毒物本身的性质有关,还与毒物侵入人体的途径及数量、接触时间及身体状况、防护条件等多种因素有关。因此在研究毒物的毒性影响时,必须考虑这些相关因素。最后,具体讲某种物质是否有毒,则与它的数量及作用条件有直接关系。例如,在人体内,含有一定数量的铅、汞等物质,但不能说由于这些物质的存在就判定人体发生了中毒。通常一种物质只有达到中毒剂量时,才能称之为毒物。如氯化钠日常可食用,但人一次服用200~250g就可能会致死。另外,毒物的作用条件也很重要,当条件改变时,甚至一般非毒性的物质也会具有毒性。如氯化钠溅到鼻黏膜上会引起溃疡,甚至使鼻中隔穿孔;氮在9.1MPa下有显著的麻醉作用。

2. 工业毒物的分类

化工生产中,工业毒物是广泛存在的。据世界卫生组织的估计,全世界工农业生产中的化学物质约有60多万种。据国际潜在有毒化学物登记组织统计,1976~1979年该组织就登记了33万种化学物,其中许多物质对人体有毒害作用。由于毒物的化学性质各不相同,因此分类的方法很多。以下介绍几种常用的分类。

(1) 按物理形态分类

① 气体:指在常温常压下呈气态的物质。如常见的一氧化碳、氯气、氨气、二氧化硫等。

② 蒸气:指液体蒸发、固体升华而形成的气体。前者如苯、汽油蒸气等,后者如熔磷时的磷蒸气等。

③ 烟:又称烟尘或烟气,为悬浮在空气中的固体微粒,其直径一般小于$1\mu m$。有机物加热或燃烧时可产生烟,如塑料、橡胶热加工时产生的烟;金属冶炼时也可产生烟,如炼钢、炼铁时产生的烟尘。

④ 雾:悬浮于空气中的液体微粒,多为蒸气冷凝或液体喷射所形成。如铬电镀时产生的铬酸雾,喷漆作业时产生的漆雾等。

⑤ 粉尘:悬浮于空气中的固体微粒,其直径一般大于$1\mu m$,多为固体物料经机械粉

碎、研磨时形成或粉状物料在加工、包装、储运过程中产生。如制造铅丹颜料时产生的铅尘、水泥、耐火材料加工过程中产生的粉尘等。

(2) 按化学类属分类
① 无机毒物：主要包括金属与金属盐、酸、碱及其他无机化合物。
② 有机毒物：主要包括脂肪族碳氢化合物、芳香族碳氢化合物及其他有机物。随着化学合成工业的迅速发展，有机化合物的种类日益增多，因此有机毒物的数量也随之增加。

(3) 按毒物作用性质分类　按毒物对机体的作用结合其临床特点大致可分为以下四类。
① 刺激性毒物：酸的蒸气、氯、氨、二氧化硫等均属此类毒物。
② 窒息性毒物：常见的如一氧化碳、硫化氢、氰化氢等。
③ 麻醉性毒物：芳香族化合物、醇类、脂肪族硫化物、苯胺、硝基苯等均属此类毒物。
④ 全身性毒物：其中以金属为多，如铅、汞等。

二、工业毒物的毒性

1. 毒性及其评价指标

毒物的剂量与中毒反应之间的关系，用"毒性"一词来表示。毒性的计量单位一般以化学物质引起实验动物某种毒性反应所需的剂量表示。对于吸入中毒，则用空气中该物质的浓度表示。某种毒物的剂量（浓度）越小，表示该物质毒性越大。通常用实验动物的死亡数来反映物质的毒性。常用的评价指标有以下几种：

(1) 绝对致死剂量或浓度（LD_{100} 或 LC_{100}）　是指使全组染毒动物全部死亡的最小剂量或浓度。

(2) 半数致死剂量或浓度（LD_{50} 或 LC_{50}）　是指使全组染毒动物半数死亡的剂量或浓度，将动物实验所得的数据经统计处理而得。

(3) 最小致死剂量或浓度（MLD 或 MLC）　是指使全组染毒动物中有个别动物死亡的剂量或浓度。

(4) 最大耐受剂量或浓度（LD_0 或 LC_0）　是指使全组染毒动物全部存活的最大剂量或浓度。

上述各种"剂量"通常是用毒物的质量（一般以 mg 计）与动物的每千克体重之比（即 mg/kg）来表示。"浓度"常用每立方米（或升）空气中所含毒物的质量（一般为 mg/m^3、g/m^3、mg/L）来表示。

除了上述的毒性评价指标外，下面的指标也反映了物质毒性的某些特点。如：

(1) 慢性阈剂量（或浓度）　是指多次、小剂量染毒而导致慢性中毒的最小剂量（或浓度）。

(2) 急性阈剂量（或浓度）　是指一次染毒而导致急性中毒的最小剂量（或浓度）。

(3) 毒作用带　是指从生理反应阈剂量到致死剂量的剂量范围。

2. 毒物的急性毒性分级

毒物的急性毒性可根据动物染毒实验资料 LD_{50} 进行分级，据此将毒物分为剧毒、高毒、中等毒、低毒、微毒五级，详见表 4-1。

表 4-1　化学物质的急性毒性分级

毒物分级	大鼠一次经口 LD_{50}/(mg/kg)	6只大鼠吸入4h 死亡2～4只的浓度/(μg/g)	兔涂皮时 LD_{50}/(mg/kg)	对人可能致死剂量 g/kg	对人可能致死剂量 总量/g（60kg体重）
剧毒	<1	<10	<5	<0.05	0.1
高毒	1～50	10～100	5～44	0.05～0.5	3
中等毒	50～500	100～1000	44～340	0.5～5	30
低毒	500～5000	1000～10000	340～2810	5～15	250
微毒	5000～15000	10000～100000	2810～22590	>15	>1000

3. 影响毒性的因素

工业毒物的毒性大小或作用特点常因其本身的理化特性、毒物间的联合作用、环境条件及个体的差异等许多因素而异。

(1) 物质的化学结构对毒性的影响　各种毒物的毒性之所以存在差异，主要是基于其分子化学结构的不同。如在碳氢化合物中，存在以下规律：

① 在脂肪族烃类化合物中，其麻醉作用随分子中碳原子数的增加而增强。

② 化合物分子结构中的不饱和键数量越多，其毒性越大。

③ 一般分子结构对称的化合物，其毒性大于不对称的化合物。

④ 在碳烷烃化合物中，一般而言，直链化合物比支链化合物的毒性大。

⑤ 毒物分子中某些元素或原子团对其毒性大小有显著影响。如在脂肪族碳氢化合物中带入卤族元素，芳香族碳氢化合物带入氨基或硝基，苯胺衍生物中以氧、硫或羟基置换氢时，毒性显著增大。

(2) 物质的物理性质对毒性的影响　物质的物理性质是多方面的，其中影响毒物对人体毒性作用的主要因素有三个：

① 可溶性。毒物（如在体液中）的可溶性越大，其毒性作用越大。如三氧化二砷在水中的溶解度比三硫化二砷大3万倍，故前者毒性大，后者毒性小。应注意，毒物在不同液体中的溶解度不同；不溶于水的物质，有可能溶解于脂肪和类脂肪。如硫化铅虽不溶于水，但在胃液中却能溶解2.5%；又如氯气易溶于上呼吸道的黏液中，因而氯气对上呼吸道可产生损害；黄丹微溶于水，但易溶于血清；等等。

② 挥发性。毒物的挥发性越大，其在空气中的浓度越大，进入人体的量越大，对人体的危害也就越大，毒性作用越大。如苯、乙醚、三氯甲烷、四氯化碳等都是挥发性大的物质，它们对人体的危害也严重。而乙二醇的毒性虽高但挥发性小，只为乙醚的1/2625，故严重中毒的事故很少发生。有些物质的毒性不大，但因为挥发性大，也会具有较大的危害性。

③ 分散度。毒物的颗粒越小，分散度越大，则其化学活性越强，更易伴随人的呼吸进入人体，因而毒性作用越大。如锌等金属物质本身并无毒，但加热形成烟状氧化物时，可与体内蛋白质作用，产生异性蛋白而引起发烧，称为"铸造热"。

(3) 毒物的联合作用　在生产环境中，现场人员接触到的毒物往往不是单一的，而是多种毒物共存。所以必须了解多种毒物对人体的联合作用。毒物联合作用的综合毒性有以下三种情况：

① 相加作用。当两种以上的毒物同时存在于作业场所的环境中时，他们的综合

毒性为各个毒物毒性作用的总和。如碳氢化合物在麻醉方面的联合作用即属此种情况。

② 相乘作用。即多种毒物联合作用的毒性大大超过各个毒物毒性的总和，又称增毒作用。例如二氧化硫被单独吸入时，多数引起上呼吸道炎症，如果将二氧化硫混入含锌烟雾气溶胶中，就会使其毒性增强一倍以上。一氧化碳和二氧化硫、一氧化碳和氮氧化物共存时也都属于相乘作用。

③ 拮抗作用。即多种毒物联合作用的毒性低于各个毒物毒性的总和。如氨和氯的联合作用即属此类。

此外，生产性毒物与生活性毒物的联合作用也很常见。如嗜酒的人易引起中毒，因为酒精可增加铅、汞、砷、四氯化碳、甲苯、二甲苯、氨基和硝基苯、硝化甘油、氮氧化物以及硝基氯苯等毒物的吸收能力，故接触这类物质的人不宜饮酒。

（4）生产环境和劳动强度与毒性的关系　不同的生产方法影响毒物产生的数量和存在的状态，不同的操作方法影响人与毒物的接触机会；生产环境如温度、湿度、气压等的不同也能影响毒物作用。如高温条件可促进毒物的挥发，使空气中毒物的浓度增加；环境中较高的湿度，也会增加某些毒物的毒性，如氯化氢、氟化氢等即属此类；高气压可使溶解于体液中的毒物量增多。

劳动强度对毒物的吸收、分布、排泄均有明显的影响。劳动强度大，则呼吸量也大，能促进皮肤充血，排汗量增多，吸收毒物的速度加快；耗氧量增加，使工人对某些毒物导致的缺氧更加敏感。

（5）个体因素与毒性的关系　在同样条件下接触同样的毒物，往往有些人长期不中毒，而有些人却发生中毒，这是由于人体对毒物的耐受性不同所致。

未成年人由于各器官尚处于发育阶段，抵抗力弱，故不应参加有毒作业；妇女在经期、孕期、哺乳期生理功能发生变化，对某些毒物的敏感性增强。如在经期对苯、苯胺的敏感性就会增强，而在孕期、哺乳期参加接触汞、铅的作业，会对胎儿及婴儿的健康产生不利影响，因此应避免接触。

患有代谢功能障碍、肝脏及肾脏疾病的人解毒功能大大降低，因此较易中毒。如贫血者接触铅，肝脏疾病患者接触四氯化碳、氯乙烯，肾病患者接触砷，有呼吸系统病变的人接触刺激性气体都较易中毒。因此，为了保护劳动者的身体健康，应按职业禁忌的要求分配工作。

总之，接触毒物后是否中毒受多种因素影响，了解这些因素间相互制约、相互联系的规律，有助于控制不利因素，防止中毒事故的发生。

三、工作场所空气中有害因素职业接触限值及其应用

防止职业中毒，关键是控制工作场所即劳动者进行职业活动的全部地点的空气中有害因素职业接触量值。职业接触限值（occupational exposure limit，OEL）是职业性有害因素的接触限制量值，指劳动者在职业活动过程中长期反复接触对机体不引起急性或慢性疾病而损害身体健康的允许接触水平。职业接触限值可分为时间加权平均容许浓度、最高容许浓度和短时间接触容许浓度三类。

① 时间加权平均容许浓度（permissible concentration-time weighted average，PC-

TWA）指以时间为权数规定的8小时工作日的平均容许接触水平。

② 最高容许浓度（maximum allowable concentration，MAC）指工作地点、在一个工作日内、任何时间均不应超过的有毒化学物质的浓度。定义中的工作地点是指劳动者从事职业活动或进行生产管理过程而经常或定时停留的地点。

③ 短时间接触容许浓度（permissible concentration-short term exposure limit，PC-STEL），指一个工作日内，任何一次接触不得超过15分钟时间的加权平均的容许接触水平。

需要指出的是，职业接触限值不是一成不变的。在制定以后，随着有关毒理学和工业卫生学资料的积累、实施过程中毒物接触者健康状况观察的结果，以及国民经济的发展、技术水平的提高，还会不断地进行修订。表4-2给出了常见化学毒物的理化性质及中毒的临床表现（节选自《工作场所有害因素职业接触限值 第1部分：化学有害因素》GBZ 2.1—2019）。

表 4-2 常见化学毒物的理化性质及中毒的临床表现

类别	毒物名称	理化特性	急性中毒的临床表现
刺激性气体	氯气(Cl_2)	黄绿色气体，相对密度为空气的2.45倍。易溶于水、碱溶液、二硫化碳和四氯化碳等。沸点为-34.6℃。在高压下液化为深黄色的液体，相对密度为1.56	轻度中毒：接触较低浓度时可产生结膜和上呼吸道的刺激症状，如眼、鼻辛辣感，咽喉烧灼感，流泪、流涕、喷嚏、咽痛、干咳等 中度中毒：症状加剧，有频发性呛咳，胸部紧迫感，同时伴有胸骨后疼痛，呼吸困难；并有头痛、头昏、烦躁不安；常有恶心、呕吐 中上腹重度中毒：可有咳血、胸闷、呼吸困难、发生中毒性肺水肿、咳出大量粉红色泡沫痰
	光气	为无色有霉烂草样气味的气体，相对密度为3.4。沸点为8.3℃。加压成液体时，相对密度为1.392。易溶于乙酸、氯仿、苯和甲苯等。遇水可水解成盐酸和二氧化碳	吸入光气后，一般有3~24小时的潜伏期 轻度中毒：咽部有刺痒感，呛咳、流泪、畏光、气急、胸闷，有时可伴有头晕、头痛、恶心等 出现紫绀，有明显呼吸困难，肺部出现干、湿啰音或哮鸣音 重度中毒：患者症状明显加剧，并有畏寒、发热、呕吐、烦躁不安、不能平卧等。出现明显紫绀以及咳大量粉红色泡沫样痰等肺水肿表现
	氮氧化物	包括N_2O、NO、NO_2、N_2O_3、N_2O_4、N_2O_5等的混合气体。其中NO_2较稳定，占比最高。不易溶于水，在低温下呈淡黄色，室温下为棕红色	轻度中毒：轻度刺激症状，如咳嗽、眼部不适、胸闷、乏力、食欲减退等，病程短 中度中毒：经过3~12小时的潜伏期，急性中毒症状逐渐加重 重度中毒：胸闷、胸骨下疼痛、紧压感，呼吸明显困难，出现青紫、呛咳、咳粉红色泡沫痰
	二氧化硫	无色气体，比空气重2.3倍。加压可液化，液体相对密度为1.434（0℃时）。沸点为-10℃	主要表现为眼、鼻、上呼吸道黏膜的刺激症状，如眼灼痛、流泪、流涕、喷嚏、喉痒、声音嘶哑、胸部紧压感、胸痛、有剧咳。常伴有头昏、失眠、无力、恶心、呕吐
	氨	无色气体，有强烈的刺激性气味，相对密度为0.597。溶于水、乙醇和乙醚。遇水生成氢氧化铵（NH_4OH），呈碱性	轻度中毒：眼、鼻、咽有辛辣刺激，可出现流泪、喷嚏、咳嗽、咳痰、咳血、胸闷、胸骨区疼痛等 重度中毒：吸入高浓度氨时可发生喉头水肿、喉痉挛而引起窒息

续表

类别	毒物名称	理化特性	急性中毒的临床表现
窒息性气体	一氧化碳	无色、无臭、无刺激性的气体,相对密度为0.968,不溶于水,可溶于氨水、乙醇、苯和乙酸。燃烧时火焰呈蓝色	轻度中毒:血液中碳氧血红蛋白在30%以下。表现为头痛、头昏、头沉重感、恶心、呕吐、全身疲乏 中度中毒:血液中碳氧血红蛋白在30%~50%,上述症状加重 重度中毒:血液中碳氧血红蛋白在50%以上
	氰化氢	无色,具有苦杏仁气味的气体,相对密度为0.94,熔点为-13.4℃,沸点为26℃	吸入高浓度氰化氢可引起突然呼吸停止,闪电样死亡
	硫化氢	无色具有特殊臭鸡蛋气味的气体,相对密度为1.19。沸点为-61.8℃,溶于水、乙醇、甘油、石油溶剂。在空气中容易燃烧	患者感眼灼热、刺痛、怕明、流泪、视物模糊,有流涕、咽痒、呛咳、胸闷、呼吸困难等,还有逐渐加重的头痛、头晕、乏力等 接触较高浓度(200~300mg/m³)硫化氢,眼刺激征更强烈,如流泪、怕光、眼刺痛、视物更模糊 接触高浓度(700mg/m³ 以上)硫化氢,可因呼吸麻痹而死亡
有机化合物	苯	具有芳香气味的无色、易挥发、易燃液体。相对密度为0.879,熔点为5.5℃,沸点为80.1℃	头痛、头晕、咳嗽、恶心、呕吐、心悸,同时可有耳鸣、眼结膜刺痛、怕光、流泪、视物模糊等 出现眩晕、酒醉样感觉。神志丧失、深度昏迷。脉搏频弱,血压下降、瞳孔散大
	硝基苯、苯胺	硝基苯是无色或淡黄色具有苦杏仁气味的油状液体,相对密度为1.2037,熔点为5.7℃,沸点为210.9℃;蒸气相对密度为4.1。苯胺是无色油状液体,有特殊的臭味。相对密度为1.022,熔点为-6.2℃,沸点为184.4℃	黏膜、皮肤出现轻度紫绀,出现耳鸣、气短、心跳增快、肝脏肿大有压痛,手指麻木,步态不稳等。变性珠蛋白小体可达20%~30% 严重者可发生溶血、血尿、体温升高、肝脏肿大、肝功能异常等。肾功能受损可出现尿闭。个别患者可出现心律不齐、心电图异常。变性珠蛋白小体可达50%以上
	有机氟化合物(二氟一氯甲烷、四氟乙烯、六氟丙烯、八氟异丁烯等)	本类毒物都是无色、无臭气体,密度比空气大,沸点低。制造氟塑料、氟橡胶的原料	全身症状:头痛、头晕、畏寒、寒战、发热、肌肉或关节酸痛、恶心、睡眠障碍 呼吸道损害:咽痛、咽部充血、呛咳、胸闷、胸痛、气急、胸部紧束感等 心血管损害:胸闷、心悸、气急等 泌尿系统损害:可有腰酸、尿频、尿急等症状 化验检查:白细胞总数增高

任务实施

1. 化工企业实践的过程中,在化工实验室及车间查到的物质的职业接触限值是多少?并与《工作场所有害因素职业接触限值 第1部分:化学有害因素》对比。

2. 针对对比结果分析原因。

任务二　综合防毒设施的使用

案例引入

2021年4月21日，绥化安达市某公司发生一起中毒窒息事故，造成4人死亡、9人中毒受伤，直接经济损失约873万元。事故发生在三车间制气工段制气釜停工检修过程中。初步分析事故的主要原因是，在4个月的停产期间，制气釜内气态物料未进行退料、隔离和置换，釜底部聚集了高浓度的氧硫化碳与硫化氢混合气体，维修作业人员在没有采取任何防护措施的情况下，进入制气釜底部作业，吸入有毒气体造成中毒窒息。在抢救过程中救援人员在没有防护措施的情况下多次向釜内探身、呼喊、拖拽施救，致使现场9人不同程度中毒受伤。

事故警示： 该公司法律意识缺失、安全意识淡薄，未落实安全生产主体责任，违规组织受限空间作业；风险辨识和隐患排查治理不到位，未辨识出制气釜检修存在中毒窒息的风险；安全管理制度不完善，缺少停车作业内容，对釜内物料退料、置换的操作规定不明确；作业人员岗位培训不到位，未开展特殊作业安全培训；应急处置能力不足，未配备足够的应急救援物资和个人防护用品。

任务导入

1. 掌握防毒技术的措施及管理。
2. 掌握正压式呼吸器的佩戴。

知识准备

预防为主、防治结合是开展防毒工作的基本原则。综合防毒措施主要包括三个方面：防毒技术措施、防毒管理教育措施、个体防护措施。

一、防毒技术措施

防毒技术措施包括预防措施和净化回收措施两部分。预防措施是指尽量减少与工业毒物直接接触的措施；净化回收措施是指由于受生产条件的限制，仍然存在有毒物质散逸的情况下，可采用通风排毒的方法将有毒物质收集起来，再用各种净化法消除其危害。

1. 预防措施

（1）更换物料　以无毒低毒的物料代替有毒高毒的物料。

（2）改革工艺　改革工艺即在选择新工艺或改造旧工艺时，应尽量选择生产过程中不产生（或少产生）有毒物质或将这些有毒物质消灭在生产过程中的工艺路线。

（3）生产过程的密闭　防止有毒物质从生产过程散发、外逸，关键在于生产过程的密闭程度。生产过程的密闭包括设备本身的密闭及投料、出料，物料的输送、粉碎、包装等过程的密闭。

（4）隔离操作　隔离操作就是把工人操作的地点与生产设备隔离开来。

2. 净化回收措施

生产中采用一系列防毒技术预防措施后，仍然会有有毒物质散逸，如受生产条件限制使得设备无法完全密闭，或采用低毒代替高毒而并不是无毒等，此时必须对作业环境进行治理，以达到国家卫生标准。

（1）通风排毒　对于逸出的有毒气体、蒸气或气溶胶，要采用通风排毒的方法收集或稀释。将通风技术应用于防毒，以排风为主。事故通风量可以通过相应的事故通风的换气次数来确定。

（2）净化回收　局部排风系统中的有害物质浓度较高，往往高出容许排放浓度的几倍甚至更多，必须对其进行净化处理才能排入大气。对于浓度较高且具有回收价值的有害物质进行回收并综合利用、化害为利。具体的净化方法在此不再赘述。

二、防毒管理教育措施

防毒管理教育措施主要包括有毒作业环境的管理、有毒作业的管理以及劳动者健康管理三个方面。

1. 有毒作业环境管理

有毒作业环境管理的目的是控制甚至消除作业环境中的有毒物质，使作业环境中有毒物质的浓度降低到国家卫生标准，从而减少甚至消除有毒物质对劳动者的危害。

2. 有毒作业管理

有毒作业管理是针对劳动者个人进行的管理，使之免受或少受有毒物质的危害。在化工生产中，劳动者个人的操作作业方法不当、技术不熟练、身体负荷过量或作业性质等，都是构成毒物散逸甚至造成急性中毒的原因。

3. 健康管理

健康管理是针对劳动者本身的差异进行的管理，主要包括以下内容：

（1）对劳动者进行个人卫生指导。如指导劳动者不在作业场所吃饭、饮水、吸烟等，坚持饭前漱口，班后淋浴，工作服清洗制度等。这对于防止有毒物质污染人体，特别是防止有毒物质从口腔、消化道进入人体，有着重要意义。

（2）由卫生部门定期对从事有毒作业的劳动者进行健康检查。特别要针对有毒物质的种类及可能受损的器官、系统进行健康检查，以便能对职业中毒患者早期发现、早期治疗。

（3）对新员工入厂进行健康检查。由于个体对有毒物质的适应性和耐受性不同，因此就业健康检查时，发现有禁忌证的，不能分配到相应的有毒作业岗位。

（4）对于有可能发生急性中毒的企业，其企业医务人员应掌握中毒急救的知识，并准备好相应的医药器材。

（5）对从事有毒作业的人员，应按国家有关规定，按期发放保健费及保健食品。

三、个体防护措施

根据有毒物质进入人体的三条途径：呼吸道、皮肤、消化道，相应地采取各种有效措施保护劳动者个人。

1. 呼吸防护

正确使用呼吸防护器是防止有毒物质从呼吸道进入人体引起职业中毒的重要措施之一。需要指出的是，这种防护只是一种辅助性的保护措施，而根本的解决办法在于改善劳动条件，降低作业场所有毒物质的浓度。

用于防毒的呼吸器材，大致可分为三类：过滤式防毒呼吸器、隔离式防毒呼吸器和正压式空气呼吸器。

（1）过滤式防毒呼吸器　过滤式防毒呼吸器主要为过滤式防毒面具和过滤式防毒口罩（图4-1）。其主要部件是一个面具或口罩，一个滤毒罐。净化的过程是先将吸入空气中的有害粉尘等物阻止在滤网外，过滤后的有毒气体在经滤毒罐时进行化学或物理吸附（吸收）。滤毒罐中的吸附（收）剂可分为以下几类：活性炭、化学吸收剂、催化剂等。由于罐内装填的活性吸附（收）剂的处理方法不同，所以不同滤毒罐的防护范围是不同的。因此，防毒面具和防毒口罩均应选择使用。

图 4-1　过滤式防毒呼吸器

图 4-2　隔离式防毒呼吸器

（2）隔离式防毒呼吸器　所谓隔离式是指供气系统和现场空气相隔绝（图4-2），因此可以在有毒物质浓度较高的环境中使用。隔离式呼吸器主要有各种空气呼吸器、氧气呼吸器和蛇管式防毒面具。

在化工生产领域，目前主要使用的隔离式呼吸器是空气呼吸器，各种蛇管式防毒面具由于安全性较差已较少使用。

（3）正压式空气呼吸器　RHZK系列正压式空气呼吸器（positive pressure air breathing apparatus）是一种自给开放式空气呼吸器，主要适用于消防、化工、船舶、石油、冶炼、厂矿等处，使消防员或抢险救护人员能够在充满浓烟、毒气、蒸汽或缺氧的恶劣环境下安全地进行灭火、抢险救灾和救护工作。

如图4-3所示，正压式呼吸器供气装置配有体积较小、重量轻、性能稳定的新型供气阀；选用高强度背板和安全系数较高的优质高压气瓶；减压阀装置装有残气报警器，在规定气瓶压力范围内，可向佩戴者发出声响信号，提醒使用人员及时撤离现场。

RHZKF6.8/30型正压式空气呼吸器由12个部件组成（图4-3），现将各部件的特点介绍如下：

① 面罩：为大视野面窗，面窗镜片采用聚碳酸酯材料，透明度高、耐磨性强、具有防雾功能。网状头罩式佩戴方式，佩戴舒适、方便。胶体采用硅胶，无毒、无味、无刺激，气密性能好。

② 气瓶：为铝内胆碳纤维全缠绕复合气瓶，工作压力 30MPa，具有重量轻、强度高、安全性能好等优点，瓶阀具有高压安全防护装置。

③ 瓶带组：瓶带卡为一快速凸轮锁紧机构，并保证瓶带始终处于一闭环状态，气瓶不会出现翻转现象。

④ 肩带：由阻燃聚酯织物制成，背带采用双侧可调结构，使重量落于腰胯部位，减轻肩带对胸部的压迫，使呼吸顺畅。并在肩带上设有宽大的弹性衬垫，减轻对肩的压迫。

⑤ 报警哨：置于胸前，报警声易于分辨，体积小、重量轻。

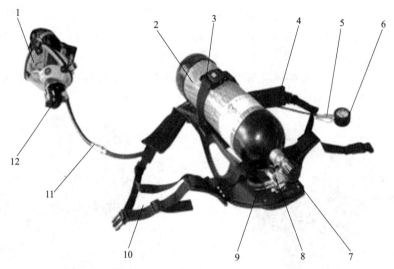

图 4-3 正压式空气呼吸器的组成
1—面罩；2—气瓶；3—瓶带组；4—肩带；5—报警哨；6—压力表
7—气瓶阀；8—减压器；9—背托；10—腰带组；11—快速接头；12—供给阀

⑥ 压力表：大表盘、具有夜视功能，配有橡胶保护罩。

⑦ 气瓶阀：具有高压安全装置，开启力矩小。

⑧ 减压器：体积小、流量大、输出压力稳定。

⑨ 背托：背托设计符合人体工程学原理，由碳纤维复合材料注塑成型，具有阻燃及防静电功能，重量轻、坚固；在背托内侧衬有弹性护垫，可使佩戴者舒适。

⑩ 腰带组：卡扣锁紧、易于调节。

⑪ 快速接头：小巧、可单手操作、有锁紧防脱功能。

⑫ 供给阀：结构简单、功能性强、输出流量大、具有旁路输出、体积小。

2. 皮肤防护

皮肤防护主要依靠个人防护用品，如工作服、工作帽、工作鞋、手套、口罩、眼镜等，这些防护用品可以避免有毒物质与人体皮肤的接触。对于外露的皮肤，则需涂上皮肤防护剂。

皮肤被有毒物质污染后，应立即清洗。许多污染物是不易被普通肥皂洗掉的，而应按不同的污染物分别采用不同的清洗剂。但最好不用汽油、煤油作清洗剂。

3. 消化道防护

防止有毒物质从消化道进入人体，最主要的是搞好个人卫生，其主要内容前面已涉及，此处不再赘述。

任务实施

正确佩戴正压式空气呼吸器并掌握其使用方法。具体操作流程及注意事项如下：

① 佩戴时，先将快速接头断开（以防在佩戴时损坏全面罩），然后将背托放到人体背部（空气瓶开关在下方），根据身体调节好肩带、腰带并系紧，以合身、牢靠、舒适为宜。

② 把全面罩上的长系带套在脖子上，使用前全面罩置于胸前，以便随时佩戴，然后将快速接头接好。

③ 将供给阀的转换开关置于关闭位置，打开空气瓶开关。

④ 戴好全面罩（可不用系带）进行2～3次深呼吸，应感觉舒畅。屏气或呼气时，供给阀应停止供气，无"嘶嘶"的响声。用手按压供给阀的杠杆，检查其开启或关闭是否灵活。一切正常时，将全面罩系带收紧，收紧程度以既要保证气密又感觉舒适、无明显的压痛为宜。

⑤ 撤离现场到达安全处所后，将全面罩系带卡子松开，摘下全面罩。

⑥ 关闭气瓶开关，打开供给阀，拔开快速接头，从身上卸下呼吸器。

正压式呼吸器的佩戴演示图如图4-4所示。请学生按照相关流程进行正压式呼吸器的佩戴，并按表4-3进行评分。

1.将气瓶阀门和减压器阀门连接

2.将供气阀安装在面罩卡口处

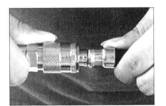
3.连接中压导管接头和供气阀快速接头

4.背起空气呼吸器，调节背带

5.扣上腰带扣并调节腰带长度

6.戴好面罩，使面罩与面部紧密贴合

7.逆时针打开气瓶阀门，呼吸顺畅后进行作业

8.顺时针拧紧气瓶阀门

9.按住供气阀底部排出残余空气

图4-4 正压式呼吸器的佩戴演示

表 4-3 正压式呼吸器的佩戴考核评分标准

序号	考核内容	评分标准	分值	得分	备注
1	工作准备	劳保用品穿戴齐全；每缺一项或穿戴不合格扣1分 ①安全帽；②工鞋；③手套；④工衣(裤)	4		
2	呼吸器的检查	①面罩：检查密封性和面罩是否有裂纹或划伤 ②背带：是否完好、齐全 ③压力：是否达到要求标准 ④压力表：工作是否正常 ⑤放气阀：工作是否正常 ⑥报警装置按放气阀：报警是否正常 每缺一项或检查不到位扣3分	18		
3	操作程序	①检查程序结束并确保合格后，将空气呼吸器主体背起，调节好肩带、腰带并系紧 ②戴上全面罩，收紧系带，调节好松紧度，面部应感觉舒适，无明显的压迫感及头痛，并用手堵住供气口测试面罩气密性，确保全面罩软质侧缘和人体面部的充分结合 ③打开气瓶阀，连接好快速接头，然后做2~3次深呼吸，感觉供气舒畅无憋闷。并由他人检查连接是否正确，快速接口的两个按钮是否正确连接在面罩上 ④在使用过程中要随时观察压力表的指示值，当压力下降到5MPa或听到报警声时，佩戴者应立即停止作业、安全撤离现场 ⑤使用完毕并撤离到安全地带后，拔开快速接头，放松面罩系带卡子，摘下全面罩，关闭气瓶阀，卸下呼吸器。按住供气阀按钮，排除供气管路中的残气 程序错误或操作不到位扣5~8分	38		
4	操作要求	①按操作程序在30s内完成佩戴得20分，每超过1s扣1分，每提前1s加1分 ②违章操作或超过50s整个项目不得分 操作时间：	40		
合计			100		

任务三 急性中毒的现场救护

案例引入

2021年2月27日23时10分许，吉林某公司发生一起较大中毒事故，造成5人死亡、8人受伤，直接经济损失约829万元。事故的直接原因是，长丝八车间部分排风机停电停止运行，该车间三楼回酸高位罐酸液中逸出的硫化氢无法经排风管道排出，致硫化氢从高位罐顶部敞口处逸出，并扩散到楼梯间内。硫化氢在楼梯间内大量聚集，达到致死浓度。新原液车间工艺班班长在经楼梯间前往三楼作业岗位途中，吸入硫化氢中毒，在对其施救过程中多人中毒，导致事故扩大。

事故警示：该公司重要安全设备缺失，未设置固定式有毒气体报警装置、事故通风系统、全线DCS集散式自动控制系统和双回路电源供电；风险辨识和管控缺失，未辨识出存在硫化氢中毒的风险；事故应急处置不力，未制定现场处置方案，未配备应急器材等管控措施；相关人员安全意识淡薄，安全教育和培训流于形式。

项目四　工业防毒

掌握急性中毒现场急救应遵循的原则及心肺复苏的操作。

在化工生产和检修现场，有时由于设备突发性损坏或泄漏致使大量毒物外溢（逸）造成作业人员急性中毒。急性中毒往往病情严重，且发展变化快。因此必须全力以赴，争分夺秒地及时抢救。及时、正确地处理化工生产或检修现场中的急性中毒事故，对于挽救重危中毒者，减轻中毒程度，防止并发症的产生具有十分重要的意义。另外，争取了时间，为进一步的治疗创造有利条件。

急性中毒的现场急救应遵循下列原则。

一、救护者的个人防护

急性中毒发生时毒物多由呼吸系统和皮肤进入人体。因此，救护者在进入危险区抢救之前，首先要做好呼吸系统和皮肤的个人防护，佩戴好供氧式防毒面具或氧气呼吸器，穿好防护服。进入设备内抢救时要系上安全带，然后再进行抢救。否则，不但中毒者不能获救，救护者也会中毒，致使中毒事故扩大。

二、切断毒物来源

救护人员进入现场后，除对中毒者进行抢救外，同时应侦查毒物来源，并采取果断措施切断其来源，如关闭泄漏管道的阀门、堵加盲板、停止加送物料、堵塞泄漏设备等，以防止毒物继续外溢（逸）。对于已经扩散出来的有毒气体或蒸气应立即启动通风排毒设施或开启门、窗，以降低有毒物质在空气中的含量，为抢救工作创造有利条件。

三、采取有效措施防止毒物继续侵入人体

救护人员进入现场后，应迅速将中毒者转移至有新鲜空气处，并解开中毒者的颈、胸部纽扣及腰带，以保持呼吸通畅。同时对中毒者要注意保暖和保持安静，严密注意中毒者神志、呼吸状态和循环系统的功能。在抢救搬运过程中，要注意人身安全，不能强硬拖拉以防造成外伤，致使病情加重。

清除毒物，防止其沾染皮肤和黏膜。当皮肤受到腐蚀性毒物灼伤时，不论其吸收与否，均应立即采取下列措施进行清洗，防止伤害加重。

（1）迅速脱去被污染的衣服、鞋袜、手套等。

（2）立即彻底清洗被污染的皮肤，清除皮肤表面的化学刺激性毒物，冲洗时间要达到15～30min左右。

（3）如毒物系水溶性物质，现场无中和试剂，可用大量水冲洗。用中和试剂冲洗时，酸性物质用弱碱性溶液冲洗，碱性物质用弱酸性溶液冲洗。非水溶性刺激物的冲洗剂，须用无毒或低毒物质。对于遇水能反应的物质，应先用干布或者其他能吸收液体的东西抹去污染物，再用水冲洗。

（4）对于黏稠的物质如有机磷农药，可用大量肥皂水冲洗（敌百虫不能用碱性溶液冲

洗），要注意皮肤褶皱、毛发和指甲内的污染物。

（5）较大面积的冲洗，要注意防止着凉、感冒，必要时可将冲洗液保持适当温度，但以不影响冲洗剂的作用和及时冲洗为原则。

（6）毒物进入眼睛时，应尽快用大量流水缓慢冲洗眼睛 15min 以上，冲洗时把眼睑撑开，让伤员的眼睛向各个方向缓慢转动。

四、促进生命器官功能恢复

中毒者若停止呼吸，应立即进行人工呼吸。人工呼吸的方法有压背式、振臂式、口对口（鼻）式三种。最好采用口对口式人工呼吸法。其方法是，抢救者用手捏住中毒者鼻孔，以每分钟 12~16 次的速度向中毒者口中吹气，或使用苏生器。同时针刺人中、涌泉、太冲等穴位，必要时注射呼吸中枢兴奋剂（如"可拉明"或"洛贝林"）。

中毒者若心跳停止，应立即进行人工复苏胸外挤压。将中毒患者放平仰卧在硬地或木板床上。抢救者在患者一侧或骑在患者身上，面向患者头部，用双手以冲击式挤压胸骨下部部位，每分钟 60~70 次。挤压时注意不要用力过猛，以免造成肋骨骨折、血气胸等。与此同时，还应尽快请医生进行急救处理。

五、及时解毒和促进毒物排出

发生急性中毒后应及时采取各种解毒及排毒措施，降低或消除毒物对机体的作用。如采用各种金属配位剂与毒物的金属离子配合成稳定的有机配合物，随尿液排出体外。

毒物经口引起的急性中毒。若毒物无腐蚀性，应立即用催吐或洗胃等方法清除毒物。对于某些毒物亦可使其变为不溶的物质以防止其吸收，如氯化钡、碳酸钡中毒，可口服硫酸钠，使胃肠道尚未吸收的钡盐成为硫酸钡沉淀而防止吸收。氨、铬酸盐、铜盐、汞盐、羧酸类、醛类、脂类中毒时，可给中毒者喝牛奶、生鸡蛋等缓解剂。烷烃、苯、石油醚中毒时，可给中毒者喝少量液体石蜡和一杯含硫酸镁或硫酸钠的水。一氧化碳中毒应立即吸入氧气，以缓解机体缺氧并促进毒物排出。

任务实施

按下列心肺复苏的操作步骤练习心肺复苏，并按心肺复苏考核评分标准（表 4-4）进行考核。

步骤 1：首先检查患者是否有反应；如果病人陷入昏迷，停止正常呼吸，先打急救电话 120。如果抢救员没受过心肺复苏术训练，那么调度员可以引导其进行急救。

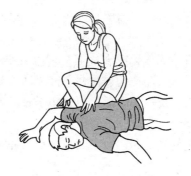

M4-2 心肺复苏

步骤2：让患者平躺在坚固平坦的表面上（比赛或训练中基本就是地面，但要找平坦的地方，不可坑坑洼洼）。跪在患者的肩膀旁边。

步骤3：将一只手的手掌根部（掌根）放在患者胸部的中心（胸骨下方，和肋骨在一起的区域）。另一只手放在这只手上面，十指交叠。

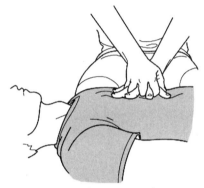

步骤4：保持手肘伸直，肩膀与手保持垂直，以每分钟100次的速率、快速有力地将胸部中心向下按压至约5cm深处，一直持续进行直到救援到达。

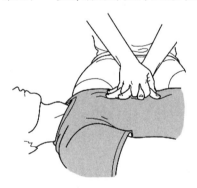

表4-4　心肺复苏考核评分标准

考核内容	评分标准	分值	得分	备注
形象动作(3)	穿着整齐 动作迅速	1 2		
判断意识(10)	呼叫患者 摇肩或拍肩	5 5		
求助(2)	一旦初步确定患者为心搏骤停,立即呼叫	2		
启动急救系统(3)	叫人按打"120"救护电话(可大声叫"快来人啊,救命啊")	3		
复苏体位(2)	患者平卧,头、颈、躯干平直无扭曲,双手放于躯干两侧	2		
松解衣物(2)	松解患者领口、领带 裤带	1 1		

续表

考核内容	评分标准	分值	得分	备注
清理口腔异物(2)	只有在发现有硬性异物堵在气道才用手清理异物,检查并取下异物(通常不用手清理气道)	2		
开放气道(3)	仰头举颌法	3		
判断呼吸(3)	听	1		
	感觉	1		
	看	1		
人工呼吸(4)	保持患者气道开放,捏鼻嘴包严吹气2次,每次吹气时间为1.5～2s气量(500～600ml)	2		
	吹气出气比1:1	2		
人工呼吸要点(6)	保持气道开放	1		
	捏鼻	1		
	嘴包严	1		
	吹气	1		
	胸廓起伏	1		
	松口松鼻	1		
判断循环(4)	触摸同侧颈动脉搏动	1		
	沿喉结向外侧胸锁乳突肌前缘处,轻触,持续时间5～10s	3		
胸外按压(40)	定位(胸骨下1/3)	8		
	按压幅度,胸骨下陷4～5cm	8		
	频率100次/min	8		
	按压与放松比1:1	8		
	按压呼吸次数比(30:2)	8		
按压姿势操作要领(10)	双手指交叉手掌重叠	5		
	双臂伸直与患者胸部垂直	5		
重复检查(5)	人工呼吸胸外按压5个(30:2)循环后(2min),复查呼吸循环	3		
	无恢复则重复心肺复苏	2		
恢复体位(1)	患者侧卧稳定,头偏向一侧,整理	1		

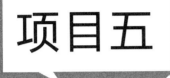

电气安全

任务一 电气安全用具的使用

案例引入

2013年6月3日6时10分许，位于吉林省长春市德惠市的某禽业有限公司主厂房发生特别重大火灾爆炸事故，共造成121人死亡、76人受伤，17234m² 主厂房及主厂房内生产设备被损毁，直接经济损失1.82亿元。

事故警示： 事件当时轰动全国，也是目前为止农牧业最严重的安全事故，该公司董事长更是被处9年刑期的处罚。重温此事件，让大家铭记安全生产才是第一位。我们应自觉树立安全意识，养成良好的职业安全习惯。

任务导入

熟悉电击的伤害及电击的方式。

知识准备

电是生产和生活的基本能源，在方便的同时也具有极大的危险性和破坏性，如果操作和使用不当，会危及人们的生命、财产甚至整个供配电系统的安全，带来巨大的损失。因此，施工用电，应该认真贯彻执行"安全第一，预防为主"的电力生产基本方针，掌握电气安全技术，熟悉电气安全的各项措施，预防事故的发生。

一、电击的伤害

电流通过人体，对人体造成伤害的过程，称为电击。

1. 电流对人体的效应

电对人体的伤害，主要来自电流。电流流过人体时，电流的热效应会引起肌体烧伤、炭化或在某些器官上产生损坏其正常功能的高温；肌体内的体液或其他组织会发生分解作用，从而使各种组织的结构和成分遭到严重破坏；肌体的神经组织或其他组织因受到损伤，会产生不同程度的刺麻、酸疼、打击感，并伴随不自主的肌肉收缩、心慌、惊恐等症状，伤害严重时会出现心律不齐、昏迷、心跳呼吸停止直至死亡的严重后果。

电流对人体的伤害可以分为两种类型，即电伤和电击。

（1）电伤　指由于电流的热效应、化学效应和机械效应对人体的外表造成的局部伤害，如电灼伤、电烙印、皮肤金属化等。

① 灼伤。电灼伤一般分为接触灼伤和电弧灼伤两种。当发生误操作时，产生的强烈电弧可能引起电弧灼伤，会使皮肤发红、起泡、组织烧焦、坏死。一般需要治疗较长时间。

② 电烙印。电烙印发生在人体与带电体之间有良好的接触部位处。即在人体不被电击的情况下，在皮肤表面留下与带电接触体形状相似的肿块痕迹。电烙印边缘明显，颜色呈灰黄色，有时电击后电烙印并不立即出现，而在相隔一段时间后才出现。

③ 皮肤金属化。皮肤金属化是由于高温电弧使周围金属熔化、蒸发并飞溅渗透到皮肤表面形成的伤害。皮肤金属化以后，表面粗糙、坚硬，金属化后的皮肤经过一段时间后方能自行脱离，对身体机能不会造成不良的影响。

电伤在不很严重的情况下，一般无致命危险。

（2）电击　指电流流过人体内部，造成人体内部器官损坏的现象。电击使人致死的原因：一是流过心脏的电流过大、持续时间过长，引起"心室纤维颤动"而致死；二是因电流大，使人产生窒息或因电流作用使心脏停止跳动而死亡。其中第一点是致人死亡占比最多的原因。

2. 电击伤害的影响因素

（1）电流强度及电流持续时间　当不同大小的电流流经人体时，往往有各种不同的感受，通过的电流越大，人体的生理反应越明显，感觉也越强烈。按电流通过人体时的生理机能反应和对人体的伤害程度，可将电流分成以下几类：

① 感知电流：使人体能够感觉，但不遭受伤害的电流。感知电流通过人体时，人体产生麻酥、灼热感。人对交流、直流电流的感知最小值分别为 0.5mA、2mA。

② 摆脱电流：人体电击后能够自主摆脱的电流。摆脱电流通过人体时，人体除产生麻酥、灼热感外，主要有疼痛、心律障碍感。

③ 致命电流：人体遭电击后危及生命的电流。电流对人体的伤害与流过人体电流的持续时间有着密切的关系。电流持续时间越长，电流对人体的危害越严重。另外，人的心脏每收缩、舒张一次，中间约有 0.1s 的间隙，在这 0.1s 的时间内，心脏对电流最敏感，若电流在这一瞬间通过心脏，即使电流很小（几十毫安），也会引起心室颤动。显然，电流持续时间越长，重合这段危险期的概率越大，危险性也越大。一般认为，工频电流 30mA 以下及直流电流 50mA 以下，对人体是安全的，但如果持续时间很长，即使电流小到 8~10mA，也可能使人致命。

（2）人体电阻　人体受到电击时，流过人体电流的大小在接触电压一定时由人体的电阻决定，人体电阻越小，流过的电流则越大，人体所遭受的伤害也越大。

人体的不同部分（如皮肤、血液、肌肉及关节等）对电流呈现出一定的阻抗，即人体电阻。其大小不是固定不变的，它决定于许多因素，如接触电压、电流途径、持续时间、接触面积、温度、压力、皮肤厚薄及完好程度、潮湿程度、脏污程度等。总体而言，人体电阻由体内电阻和表皮电阻组成。

① 体内电阻：指电流流过人体时，人体内部器官所呈现的电阻。它的数值主要决定于电流的通路。当电流流过人体内不同部位时，体内电阻呈现的数值不同。

② 表皮电阻：指电流流过人体时，两个不同电击部位皮肤上的电极和皮下导电细胞之间的电阻之和。

（3）作用于人体的电压　作用于人体电压的大小，对流过人体的电流的大小有直接的影响。当人体电阻一定时，作用于人体的电压越高，则流过人体的电流越大，其危险性也越大。实际上，通过人体电流的大小，也并不与作用于人体的电压成正比。因为随着作用于人体电压的升高，人体电阻下降，导致流过人体的电流迅速增加，对人体的伤害也就更加严重。

（4）电流路径　电流通过人体的路径不同，人体出现的生理反应及对人体的伤害程度是不同的。当电流路径通过人体心脏时，其电击伤害程度最大。电流路径与流经心脏的电流比例如表 5-1 所示。左手至脚的电流路径，心脏直接处于电流通路内，因而是最危险的；右手至脚的电流路径的危险性相对较小。电流从左脚至右脚这一电流路径，危险性小，但人体可能因痉挛而摔倒，导致电流通过全身或发生二次事故而产生严重后果。

表 5-1　不同途径流经心脏电流的比例

电流通过人体的途径	通过心脏的电流占通过人体总电流的比例	电流通过人体的途径	通过心脏的电流占通过人体总电流的比例
从一只手到另一只手	3.3%	从右手到脚	6.7%
从左手到脚	3.7%	从一只脚到另一只脚	0.4%

（5）电流种类及频率的影响　电流种类不同，对人体的伤害程度不一样。当电压在 250~300V 以内时，触及频率为 50Hz 的交流电比触及相同电压的直流电的危险性大 3~4 倍。不同频率的交流电流对人体的影响也不相同。通常，50~60Hz 的交流电，对人体危险性最大。低于或高于此频率的电流对人体的伤害程度要显著减轻。但高频率的电流通常以电弧的形式出现，因此有灼伤人体的危险。

（6）人体状态的影响　电流对人体的作用与人的年龄、性别、身体及精神状态有极大的关系。一般情况下,女性比男性对电流敏感,小孩比成人敏感。在同等电击情况下,妇女和小孩更容易受到伤害。此外,患有心脏病、精神病、内分泌器官疾病或酒醉的人,因电击造成的伤害都将比正常人严重;相反,一个身体健康、经常从事体力劳动和体育锻炼的人,由电击引起的后果相对会轻一些。

二、电击方式

电击方式通常有直接接触电击和间接接触电击两种。

1. 人体与带电体的直接接触电击

人体与带电体的直接接触电击可分为单相电击和两相电击。

(1) 单相电击　指人体在地面或其他接地导体上,人体某一部分触及一相带电体的电击事故。大部分电击事故都是单相电击事故。单相电击的危险程度与电网运行方式有关。一般情况下,接地系统的单相电击比不接地系统里的危险性大。

(2) 两相电击　指人体两处同时触及两相带电体的电击事故。其危险性较大。

当人体同时接触带电设备或线路中的两相导体时,电流从一相导体经人体流入另一相导体,构成闭合回路,这种电击方式称为两相电击。此时,在人体上的电压为线电压,它是相电压的$\sqrt{3}$倍。通过人体的电流与系统中性点运行方式无关,其大小只决定于人体电阻和人体与相接触的两相导体的接触电阻之和。因此它比单相电击的危险性更大,例如,380/220V低压系统线电压为380V,设人体电阻为1000Ω,则通过人体的电流可达约380mA,足以致人死亡。电气工作中两相电击多在带电作业时发生,由于相间距离小,安全措施不周全,使人体直接或通过作业工具同时触及两相导体,造成两相电击。

2. 人体与带电体间接接触电击

间接接触电击是由于电气设备绝缘损坏发生接地故障,设备金属外壳及接地点周围出现对地电压引起的。它包括跨步电压电击和接触电压电击。

(1) 跨步电压电击　当带电体有接触故障时,有故障电流流入大地,电流在接地点周围土壤中产生电压降。人在接地点周围,两脚之间出现的电压即为跨步电压。由跨步电压引起的电击事故为跨步电压电击。高压故障接地处或有大电流流过的接地装置附近,都可能出现较高的跨步电压。在距离接地故障点8~10m以内,电位分布变化率较大,人在此区域内行走,跨步电压高,就有电击的危险;在离接地故障点8~10m以外,电位分布的变化较小,人的一步之间的电位差较小,跨步电压电击的危险性明显降低。人在受到跨步电压的作用时,电流将从一只脚经另一只脚与大地构成回路,虽然电流没有通过人体的重要器官,但当跨步电压较高时,电击者脚发麻、抽筋、跌倒在地,跌倒后,电流可能会改变路径(如从手至脚)而流经人体的重要器官,使人致命。因此,发生高压设备、导线接地故障时,维修人员室内不得接近接地故障点4m以内(因室内狭窄,地面较为干燥,离开4m之外一般不会遭跨步电压的伤害),室外不得接近故障点8m以内。如果要进入此范围内工作,为防止跨步电压电击,进入人员应穿绝缘鞋。

(2) 接触电压电击　在正常情况下,电气设备的金属外壳是不带电的,由于绝缘损坏,设备漏电,使设备的金属外壳带电。接触电压是指人触及漏电设备外壳,加于人手与脚之间的电位差(脚距设备0.8m,手触及设备处距地面垂直距离1.8m),由接触电压引起的电击称接触电压电击。

三、正确使用电气防护用具

为了防止操作人员发生触电事故，必须正确使用相应的电气安全用具。常用的电气安全用具主要有：

（1）绝缘杆　一种主要的基本安全用具，又称绝缘棒或操作杆［图 5-1(a)］。绝缘杆在变配电所里主要用于闭合或断开高压隔离开关、安装或拆除携带型接地线以及进行电气测量和试验等工作。在带电作业中，则是使用各种专用的绝缘杆。使用绝缘杆时应注意手拿握的部分不能超出护环，且要戴上绝缘手套、穿绝缘靴（鞋），如图 5-1(b) 所示；绝缘杆每年要进行一次定期试验。

图 5-1　正确使用电气防护用具

（2）绝缘夹钳　绝缘夹钳（图 5-2）只允许在 35kV 及以下的设备上使用。使用绝缘夹钳夹熔断器时，工作人员的头部不可超过握手部分，并应戴护目镜、绝缘手套，穿绝缘靴（鞋）或站在绝缘台（垫）上；绝缘夹钳每年要进行一次定期试验。

（3）绝缘手套　绝缘手套（图 5-3）是在电气设备上进行实际操作时的辅助安全用具，也是在低压设备的带电部分上工作时的基本安全用具。绝缘手套一般分为 12kV 和 5kV 两种，都是以试验电压值命名的。

（4）绝缘靴（鞋）　绝缘靴（鞋）（图 5-4）是在任何等级的电气设备上工作时，用来与地面保持绝缘的辅助安全用具，也是防跨步电压的基本安全用具。

图 5-2　绝缘夹钳　　　　图 5-3　绝缘手套　　　　图 5-4　绝缘靴（鞋）

（5）绝缘垫　绝缘垫（图 5-5）是在任何等级的电气设备上带电工作时，用来与地面保持绝缘的辅助安全用具。使用电压在1000V及以上时，可作为辅助安全用具；1000V以下时可作为基本安全用具。绝缘垫的规格：厚度有4mm、6mm、8mm、10mm、12mm等5种，宽度为1m，长度为5m。

（6）绝缘台　绝缘台（图5-6）是在任何等级的电气设备上带电工作时的辅助安全用具。台面用干燥的、漆过绝缘漆的木板或木条做成，四角用绝缘瓷瓶作台角。绝缘台面的最小尺寸为800mm×800mm。为便于移动、清扫和检查，台面不宜做得太大，一般不超过1500mm×1000mm。绝缘台必须放在干燥的地方。绝缘台每三年要进行一次定期试验。

图5-5　绝缘垫

图5-6　绝缘台

（7）携带型接地线　携带型接地线（图5-7）可用来防止设备突然来电如错误合闸送电而带电、消除临近感应电压或放尽断电电气设备上的剩余电荷带电。短路软导线与接地软导线应采用多股裸软铜线，其截面不应小于$25mm^2$。

（8）验电笔　验电笔（图5-8）有高压验电笔和低压验电笔两类。它们都是用来检验设备是否带电的工具。当设备断开电源、装设携带型接地线之前，必须用验电笔验明设备是否确已无电。

图5-7　携带型接地线

图5-8　验电笔

任务实施

按表5-2的操作程序进行停送电的操作演练。

表5-2　停送电的操作程序

序号	流程步骤	作业内容	作业标准	危险源及风险
1	班前准备	1)接受任务单 2)辨识、评估危险源 3)穿工作服、低压绝缘靴，戴安全帽、低压绝缘手套	1)工作任务明确，责任落实到人 2)危险源辨识、评估准确 3)劳动保护穿戴符合规定要求 4)持证上岗	掌握现场存在的危险源，并采取防范措施
2	准备工器具	准备对讲机、低压验电器、摇把等常用工器具	工器具齐全、适用完好	确认绝缘用具无破损、无油污、符合耐压等级且在检期内
3	核实作业项目	现场工作负责人与下达送电命令集控员核对停电设备编号及名称	核对准确、名称相符	操作前通知集控员将设备运行方式换成集控联动状态
4	送电	1)确认送电条件 2)摘掉停电标识牌 3)摇入抽屉柜 4)将操作手柄顺时针旋转90°闭合断路器	1)由两名电工操作，一人操作一人读票监护 2)停电标识牌放至规定位置 3)确认抽屉摇入到位 4)确认断路闭合	严格按照送电操作票步骤操作
5	通知集控	1)通知集控送电完毕 2)集控确认	通知到位、确认无误	通知集控要求现场人员验电
6	清理现场	1)清理工器具、材料配件 2)清理现场杂物 3)清点人物	1)回收齐全 2)现场整洁、干净 3)人员安全撤离	
7	填写记录	1)填写日期 2)填写送电申请人姓名 3)填写送电设备编码 4)填写送电时间 5)记录送电操作人、监护人 6)记录当班集控员姓名	1)填写字迹清晰 2)禁止涂改撕扯 3)记录完整并按规定时间保存	

任务二　触电急救

案例引入

1993年8月4日11时40分，某轧钢厂维修工段的同志到除尘泵房防洪抢险。泵房内积水已有膝盖深。为了排水，用铲车铲来两车热渣子把门口堵住，然后往外抽水。安装好潜水泵刚一送电，将在水中拖草袋的同志电倒，水中另外几名同志也都触电，挣扎着从水中逃出来。在场人员意识到潜水泵出了问题，马上拉闸，把其中触电较重已昏迷的岳某抬到值班室的桌子上，立即进行人工体外心脏按压抢救。按压过程中，听见岳某嗓子里有痰流动的声音，马上进行人工吸痰；再次挤压时，岳某口内又流出痰，抢救人员又一次将痰排净。经人工体外心脏按压抢救，岳某终于喘过气来，脱离死亡。

事故原因：电工不了解潜水泵电缆接线的颜色，零线误接相线，造成漏电。但人工体外心脏按压的抢救及时有效，避免了人员的伤亡。这个案例说明，危急时刻及时、正确、得当的抢救是十分重要的。

事故警示：触电事故的发生具有很大的偶然性和突发性，容易惊慌失措、束手无策；了解触电急救的基本方法，可以有效挽救生命。同时，要大力倡导安全文化，提高全员安全防范意识，加强安全生产宣传教育工作，营造良好的安全生产环境氛围。从树立"以人为本"的安全理念出发，利用广播、电视等新闻媒体，宣传安全生产法律、法规和电力知识，达到启发人、教育人、提高人、约束人和激励人的目的，进而提高全员安全生产防范意识。

任务导入

掌握触电急救的方法、人工呼吸的操作。

知识准备

人触电后，往往会出现神经麻痹、呼吸中断、心脏停止跳动等情况，呈昏迷不醒的状态。但实际上这时是处在假死状态。触电死亡一般有以下特征：①心跳、呼吸停止；②瞳孔放大；③血管硬化；④身上出现尸斑；⑤尸僵。

如果上述特征中有一个尚未出现，都应该视为假死，这时必须迅速进行现场救护。只要救护方法得当，坚持不懈，多数触电者可以"起死回生"。有的触电者经过数小时救护才脱离危险。因此，每个电气工作人员和其他有关人员必须熟练掌握触电急救的方法。

一、解脱电源

高压电源电压高，一般绝缘物不能保证救护人员的安全，而且往往电源的高压开关距

离较远,不易切断电源,发生触电时应采取下列措施:

(1) 立即通知有关部门停电。

(2) 戴好绝缘手套、穿好绝缘靴,拉开高压断路器(高压开关)或用相应电压等级的绝缘工具打开跌落式熔断器,切断电源。救护人员在操作时应注意保持自身与周围带电部分有足够的安全距离。

(3) 在抢救触电者脱离电源时应注意的事项:

① 救护人员不得采用金属和其他潮湿的物品作为救护工具;

② 未采取任何绝缘措施,救护人员不得直接触及触电者的皮肤或潮湿衣物;

③ 在使触电者脱离电源的过程中,救护人员最好用一只手操作,以防自身触电;

④ 当触电者站立或位于高处时,应采取措施防止触电者脱离电源后摔跌;

⑤ 夜晚发生触电事故时,应考虑切断电源后的临时照明问题,以便进行救护。

二、现场急救

触电者脱离电源后,应迅速正确判定其触电程度,有针对性地实施现场救护。

1. 触电者伤情判定

(1) 触电者如神态清醒,只是心慌、四肢发麻,全身无力,但没失去知觉,则应使其就地平躺,严密观察,暂时不要站立或走动。

(2) 触电者神志不清、失去知觉,但呼吸和心脏尚正常,应使其舒适平卧,保持空气流通,同时立即请医生或送医院诊治。随时观察,若发现触电者出现呼吸困难或心跳失常,则应用心肺复苏法进行人工呼吸或胸外心脏按压。

(3) 如果触电者失去知觉,心跳呼吸停止,则应判定触电者是假死症状。触电者若无致命外伤,没有得到专业医务人员证实,不能判定触电者死亡,应立即对其进行心肺复苏。

对触电者应在 10s 内用看、听、试的方法,判定其呼吸、心跳情况:

看——看触电者的胸部、腹部有无起伏动作;

听——用耳贴近触电者的口鼻处,听有无呼吸的声音;

试——试测口鼻有无呼气的气流。再用两手指轻试一侧(左或右)喉结旁凹陷处的颈动脉,试有无搏动。

若看、听、试的结果,既无呼吸又无动脉搏动,可判定呼吸心跳停止。

2. 心肺复苏法

触电者呼吸和心跳均停止时,应立即按心肺复苏支持生命的三项基本措施,正确进行就地抢救。

(1) 畅通气道 触电者呼吸停止,抢救时重要的一个环节是始终确保气道畅通。如发现其口内有异物,可将其身体及头部同时侧转,迅速用一个手指或用两个手指交叉从口角处插入,取出异物。操作中要防止将异物推到咽喉深部。

通畅气道可以采用仰头抬颌法,用一只手放在触电者前额,另一只手的手指将其下颌骨向上抬起。严禁用枕头或其他物品垫在触电者头下,头部抬高前倾,会加重气道阻塞,使胸外按压时流向脑部的血流减少,甚至消失。

(2) 口对口(鼻)人工呼吸 在保持触电者气道通畅的同时,救护人员在触电者头部的右边或左边,用一只手捏住触电者的鼻翼,深吸气,与伤员口对口紧合,在漏气的情况下,连续大口吹气两次,每次 1~1.5s,如图 5-9 所示。如两次吹气后试测颈动脉仍无搏动,可判断心跳已经停止,要立即同时进行胸外按压。

除开始大口吹气两次外,正常口对口(鼻)人工呼吸的吹气量不需过大,但要触电者胸部膨胀,每 5s 吹一次(吹 2s,放松 3s)。对触电的小孩,只能小口吹气。

救护人换气时,放松触电者的嘴和鼻,使其自动呼气,吹气时如有较大阻力,可能是头部后仰不够,应及时纠正。

触电者如牙关紧闭,可口对鼻人工呼吸。口对鼻人工呼吸时,要将触电者嘴唇紧闭,防止漏气。

(3)胸外按压　人工胸外按压法,其原理是用人工机械方法按压心脏,代替心脏跳动,以达到血液循环的目的。凡触电者心脏停止跳动或出现不规则的颤动时,可立即用此法急救。

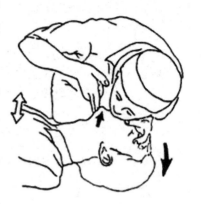

图 5-9　人工呼吸示意图

首先,要确定正确的按压位置。正确的按压位置是保证胸外按压效果的重要前提。确定正确按压位置的步骤:

① 右手的食指和中指沿触电者的右侧肋弓下缘向上,找到肋骨和胸骨接合点的中点;

② 两手指并齐,中指放在切迹中点(剑突底部),食指放在胸骨下部;

③ 左手的掌根紧挨食指上缘,置于胸骨上,即为正确按压位置。

另外,正确的按压姿势是达到胸外按压效果的基本保证。正确的按压姿势见项目四中的任务三,此处不再赘述。

3. 抢救过程中再判定

(1)胸外按压和口对口(鼻)人工呼吸 1min 后,应再用看、听、试方法在 5~7s 时间内完成对触电者呼吸及心跳是否恢复进行判定。

(2)若判定颈动脉已有搏动但无呼吸,则暂停胸外按压,再进行 2 次口对口(鼻)人工呼吸,接着每 5s 吹气一次。如果脉搏和呼吸均未恢复,则继续坚持心肺复苏法抢救。

(3)在抢救过程中,要每隔数分钟再判定一次,每次判定时间均不得超过 5~7s。在医务人员未接替抢救前,现场抢救人员不得放弃现场抢救。

4. 现场急救注意事项

(1)现场急救贵在坚持。

(2)心肺复苏应现场就地进行。

(3)现场触电急救,对采用肾上腺素等药物应持慎重态度,如果没有必要的诊断设备条件和足够的把握,不得乱用。

(4)对触电过程中的外伤特别是致命外伤(如动脉出血等)也要采取有效的方法处理。

5. 抢救过程中触电者移动

（1）心肺复苏应现场就地坚持进行，不要为方便而随意移动触电者，如确需要移动时，抢救中断时间不应超过30s。

（2）移动触电者或将触电者送医院时，应使其平躺在担架上，并在其背部垫以平硬宽木板。在移动或送医院过程中，应继续抢救。心跳、呼吸停止者要继续用心肺复苏法抢救，在医务人员未接替救治前不能中止。

（3）应创造条件，用塑料袋装入碎冰屑做成帽子状包绕在触电者头部并露出眼睛，使脑部温度降低，争取心、肺、脑完全复苏。

6. 触电者好转后的处理

如果触电者的心跳和呼吸经抢救后均已恢复，则可暂停心肺复苏法操作。但心跳、呼吸恢复的早期有可能再次骤停，应严密监护，不能大意，要随时准备再次抢救。

任务实施

请按人工呼吸操作规程及评分标准（表5-3）进行人工呼吸的操作考核。

表5-3 人工呼吸操作规程及评分标准

项目	技术操作要求	分值	扣分原因	得分
素质要求 5分	（1）服装、鞋帽整洁 （2）仪表大方，举止端庄 （3）沉着、稳重、熟练	1 2 2		
操作前准备 10分	（1）备齐用物，放置合理 （2）各种用物完备，便于应用	5 5		
操作规程 60分	口对口人工呼吸法： （1）病人仰卧，打开气道（下颌抬高法、颈部抬高法） （2）保持呼吸道顺畅（清理呼吸道异物，松解衣领、腰带，注意保暖） （3）病人口上盖以纱布或手帕，用另一手捏紧病人鼻孔以免漏气 （4）深吸一口气后，立即将口紧贴在病人的口上吹入，直至其胸部升起为止 （5）吹起停止后，松开捏病人鼻孔的手（每分钟14～18次）	6 6 6 6 6		
	仰卧式人工呼吸法： 病人仰卧，将头偏向一侧，跪骑在病人大腿两侧，两手平放在病人的胸肋部，拇指向内靠近胸骨，身体慢慢向前倾，借身体重力，挤压胸部，推送隔肋上移，把肺内空气驱出。再逐松压力，使膈肌复位，病人胸廓自然恢复原状，空气随之被吸入。如此多次反复进行。推压时不可用力过猛，以防肋骨骨折	20		
	俯身向前人工呼吸法： （1）病人俯卧，两臂伸向头侧，一前臂屈曲，头侧枕于其上，以防口鼻着地 （2）跪骑在病人大腿两侧。两手平放在病人背部，拇指向脊柱，其余四指向外贴着胸壁伸开 （3）动作与仰卧式人工呼吸法相同	10		

续表

项目	技术操作要求	分值	扣分原因	得分
操作熟练程度 15分	(1)动作轻巧、准确、稳重 (2)注意节力原则 (3)合理、有效配合胸外按压	5 5 5		
理论问题 10分				
总分		100		

任务三　电气火灾扑救及预防

案例引入

2021年5月5日，位于湖州市长兴县某电气科技有限公司2号厂房3号上胶生产线正常生产。16时55分10秒，第六节烘箱突然发生爆炸，因导热油管破裂，持续燃烧。企业员工立即组织自救，并报警。5月5日17时02分，长兴县110指挥中心接到报警，长兴县应急指挥中心立即启动应急机制。17时16分许，长兴县应急、消防、公安等部门分别到达现场开展救援；17时50分，现场火情成功扑灭。在救援过程中，发现3名人员受伤倒地，送医后经抢救无效于当晚先后死亡。此次爆燃事故是一起因上胶生产线设备设计上存在缺陷，企业关闭气体浓度报警及连锁装置，静电火花引爆可燃气体，导致3人死亡的较大生产安全责任事故。

事故警示：企业日常安全管理缺失。安全设备经常性维护、保养不到位；员工安全教育培训不到位；未制定岗位安全操作规程；未如实记录应急演练情况；未落实建设项目安全设施"三同时"。

掌握电气火灾扑救方法及电气火灾的预防。

知识准备

电气火灾和爆炸事故是指由电气原因引起的火灾和爆炸，在火灾和爆炸事故中占有很大比例。电气火灾和爆炸事故除可能造成人身伤亡和设备损坏、财产损失外，还可能造成电力系统事故，引起大面积停电或长时间停电。

电气火灾有以下两个特点：一是着火后电气装置或设备可能仍然带电，而且因电气绝缘损坏或带电导线断落接地，在一定范围内会存在跨步电压和接触电压，如果不注意，可能引起触电事故；二是有些电气设备内部充有大量油（如电力变压器、电压互感器等），着火后受热，设备内部压力增大，可能会发生喷油，甚至爆炸，造成火势蔓延。

电气火灾的危害很大，因此要坚决贯彻"预防为主"的方针。在发生电气火灾时，必须迅速采取有效的措施，及时扑灭电气火灾。

一、电气火灾扑救

1. 断电灭火

当电气装置或设备发生火灾或引燃附近可燃物时，首先要切断电源。室外高压线路或电线杆上的配电变压器起火时，应立即与供电公司联系断开电源；室内电气装置或设备发生火灾时应尽快断开开关切断电源，并及时正确选用灭火器进行扑救。

断电灭火时应注意下列事项：

（1）断电时，应按规定的程序进行操作，严防带电拉隔离开关（刀闸）。在火场内的开关和闸刀，由于烟熏火烤，其绝缘性可能降低或损坏。因此，操作时应戴绝缘手套、穿绝缘靴，并使用相应电压等级的绝缘工具。

（2）紧急切断电源时，切断地点应选择适当，防止切断电源后影响扑救工作的进行。切断带电线路导线时，切断点应选择在电源侧的支持物附近，以防导线断落后触及人身、短路或引起跨步电压触电。切断低压导线时应分相并在不同部位剪断，剪的时候应使用有绝缘手柄的电工钳。

（3）夜间发生电气火灾，切断电源时，应考虑临时照明，以便进行扑救。

（4）需要电力部门切断电源时，应用电话联系，说清情况。

2. 带电灭火

发生电气火灾时应首先考虑断电灭火，因为断电后火势可减小下来，同时扑救比较安全。但有时在危急情况下，如果等切断电源后再进行扑救，会延误时机，使火势蔓延，扩大燃烧面积，或者断电会严重影响生产，这时就必须在确保灭火人员安全的情况下，进行带电灭火。带电灭火一般限在10kV及以下电气设备上进行。

带电灭火很重要的一条就是正确选用灭火器材。绝对不准使用泡沫剂对有电的设备进行灭火，一定要用不导电的灭火剂灭火，如二氧化碳、四氯化碳、二氟-氯-溴甲烷（简称"1211"）和化学干粉等灭火剂。

带电灭火时，为防止发生人身触电事故，必须注意以下几点：

（1）人员及所使用的灭火器材与带电部分必须保持足够的安全距离，并应戴绝缘手套。

（2）不准使用导电灭火剂（如泡沫灭火剂、喷射水流等）对有电设备进行灭火。

（3）使用水枪带电灭火时，扑救人员应穿绝缘靴、戴绝缘手套并应将水枪金属喷嘴接地。

（4）在灭火中电气设备发生故障，如电线断落在地上，局部地区会形成跨步电压，在这种情况下，扑救人员必须穿绝缘靴（鞋）。

（5）扑救架空线路的火灾时，人体与带电导线之间的仰角不应大于45°，并应站在线路外侧，以防导线断落触及人体发生触电事故。

3. 充油设备火灾扑救

充油电气设备容器外部着火时，可以用二氧化碳、"1121"、干粉、四氯化碳等灭火剂带电灭火。灭火时要保持一定安全距离。用四氯化碳灭火时，灭火人员应站在上风方向，以防灭火中毒。

如果充油电气设备容器内部着火,应立即切断电源,有事故储油池设备的应立即设法将油放入事故储油池,并用喷雾水灭火,不得已时也可用沙子、泥土灭火;但当盛油桶着火时,则应用浸湿的棉被盖在桶上,使火熄灭,不得用黄沙抛入桶内,以免燃油溢出,使火焰蔓延。对流散在地上的油火,可用泡沫灭火器扑灭。

4. 旋转电机火灾扑救

发电机、电动机等旋转电机着火时,不能用沙子、干粉、泥土灭火,以免矿物物质、沙子等落入设备内部,严重损伤电机的绝缘性,造成严重后果。可使用"1121"、二氧化碳等灭火器灭火。另外,为防止轴和轴承变形,灭火时可使电机慢慢转动,然后用喷雾水流灭火,使其均匀冷却。

5. 电缆火灾扑救

电缆燃烧时会产生有毒气体,如氯化氢、一氧化碳、二氧化碳等。据资料介绍,当氯化氢浓度高于0.1%时,或一氧化碳浓度高于1.3%时,或二氧化碳浓度高于10%时,人体吸入会导致昏迷和死亡。所以电缆火灾扑救时需特别注意防护。

扑救电缆火灾时注意事项如下:

(1) 电缆起火应迅速报警,并尽快将着火电缆退出运行。

(2) 火灾扑救前,必须先切断着火电缆及相邻电缆的电源。

(3) 扑灭电缆燃烧,可使用干粉、二氧化碳、"1121"、"1301"(CF_3Br)等灭火剂,也可用黄土、干沙子或防火包进行覆盖。火势较大时可使用喷雾水扑灭。装有防火门的隧道,应将失火段两端的防火门关闭。有时还可采用向着火隧道、沟道灌水的方法,用水将着火段封住。

(4) 进入电缆夹层、隧道、沟道内的灭火人员应佩戴正压式空气呼吸器,以防中毒和窒息。在不能肯定扑救电缆是否全部停电时,扑救人员应穿绝缘靴、戴绝缘手套。扑救过程中,禁止用手直接接触电缆外皮。

(5) 在救火过程中需注意防止发生触电、中毒、倒塌、坠落及爆炸等伤害事故。

(6) 专业消防员进现场救火时,相关人员需向消防员交代清楚带电部位、高温部位及高压设备等危险部位情况。

二、电气火灾预防

根据电气火灾情况分析,电气火灾的发生具有以下几个显著特点:

(1) 具有季节性 以夏季和冬季较为突出。夏季天气炎热,用电量大,空气干燥,物体易带静电,易发生静电引发的火灾。冬季日照时间短,用电照明时间长;有些企业单位年终为赶任务,加班加点,用电时间增长;在生产、工地施工、生活用电取暖、保温等用电量增大的情况下,超负荷的可能性增大,设备带病运转也带来许多不安全因素。

(2) 具有时间(时间段)性 一般夜间电气火灾居多。主要原因是晚上生活用电集中,部分企业也在晚上生产,在启动、运行、关闭电气设备和照明灯具的频繁操作和使用中,因绝缘破损、接触不良、超负荷运行、乱放电热器具等造成的危险因素增多,加上疏忽大意,没有进行必要的巡视检查,相应地增加了发生电气火灾事故的可能性。

(3) 具有行业性 从电气火灾发生的部门来看,工业行业火灾比例较高。其原因是工业企业生产、照明用电量多，用电时间长，线路长，用电设备多；安装不合理，管理维修不善，违反规章制度。工业的电气线路及设备发生火灾的火源本身能量大，是强火源，所以一旦起火，火势蔓延快，损失大。

（4）具有人为性　电气火灾的发生，绝大多数是由于违规操作或疏忽大意所致。因此，电气火灾与人的知识、技术、责任心、道德密切相关。

要预防电气火灾就要根据电气火灾的特点，针对性地采取如下预防措施：

（1）定期检查　经常检查电气设备的运行情况，检查接头是否松动，有无电火花发生，电气设备的过载、短路保护装置性能是否可靠，设备绝缘是否良好。

（2）合理选用电气设备　有易燃易爆物品的场所，安装使用电气设备时，应选用防爆电器，绝缘导线必须密封设于钢管内。应按爆炸危险场所等级选用、安装电气设备。

（3）保持安全的安装位置　保持必要的安全间距是电气防火的重要措施之一。为防止电气火花和危险高温引起火灾，凡能产生火花和危险高温的电气设备周围不应堆放易燃易爆物品。

（4）保持电气设备正常运行　电气设备运行中产生的火花和危险高温是引起电气火灾的重要原因。为控制过大的工作火花和危险高温，保证电气设备的正常运行，电气设备应由经培训考核合格的人员操作使用和维护保养。

（5）通风　在易燃易爆危险场所运行的电气设备，应有良好的通风，以降低爆炸性混合物的浓度。其通风系统应符合有关要求。

（6）接地　在易燃易爆危险场所的接地比一般场所要求高。不论其电压高低，正常不带电装置均应按有关规定可靠接地。

任务实施

在化学实验室乙酸乙酯的制备实验中，采用电加热套进行加热。在加热的过程中由于学生的不规范操作，致使电加热套着火。请根据实际的情形设计一个扑救现场初起火灾电器的扑救方案。学生可按下表或自行设计表格，列出扑救方案，包括火灾扑救的灭火器类型、扑救时的注意事项、扑救的步骤、火灾扑灭后的现场处理等内容。

序号	模块内容	具体内容
1	扑救的对象	
2	扑救用的灭火装置	
3	扑救的注意事项	
4	扑救的具体步骤	
5	扑救后的现场处理	
6	其他	

项目六 化工装置安全检修

任务一　化工装置检修的分类与识别

案例引入

2018年5月12日，上海某石化公司在对编号为75-K0201苯罐进行检维修作业时发生闪爆事故，造成6人死亡。2018年3月，该石化公司发现75-K0201苯罐（内浮顶罐）VOC超标，在对呼吸阀检修后VOC仍然超标，判断为浮盘密封泄漏。随后安排清空检修，由承包商上海某检修公司负责。4月19日，对该苯罐实施倒空、盲板隔离、蒸罐、氮气置换后，在打开储罐人孔对浮盘密封进行检查过程中发现约1/4浮盘浮箱存在积液。5月8日，该石化公司组织上海某检修公司、浮盘浮箱厂家确认超过1/2浮盘浮箱存在积液，随即决定拆除更换浮盘。5月9日，上海某检修公司施工人员将疑有积液的浮箱全部打孔，并将流出的积液用泵排至另一苯罐。5月10日，组织进行拆除浮箱作业。5月12日13时15分，作业过程中发生闪爆。

事故警示：事故暴露出的突出问题是安全风险意识差，安全风险辨识评估管控缺失，特殊作业管理不到位。现场作业人员使用的工具均不防爆，且没有进行连续监测，变更管理缺失。

任务导入

1. 掌握装置检修的识别、装置检修的分类。

2. 掌握检修作业许可证的填写。

 知识准备

化工装置在长周期运行中，由于外部负荷、内部应力和相互磨损、腐蚀、疲劳以及自然侵蚀等因素影响，使个别部件或整体装置改变原有的尺寸、形状，机械性能下降、强度降低，造成隐患和缺陷，威胁着安全生产。所以，为了实现安全生产，提高设备效率，降低能耗，保证产品质量，要对装置、设备定期进行计划检修，及时消除缺陷和隐患，使生产装置能够"安、稳、长、满、优"运行。

1. 装置检修的分类

化工装置和设备检修，可分为计划检修和非计划检修。

计划检修是指企业根据设备管理、使用的经验以及设备状况，制定设备检修计划，对设备进行有组织、有准备、有安排的检修。计划检修又可分为大修、中修、小修。由于装置为设备、机器、公用工程的综合体，因此装置检修比单台设备（或机器）检修要复杂得多。

非计划检修是指因突发性的故障或事故而造成设备或装置临时性停车进行的抢修。计划外检修事先无法预料，无法安排计划，而且要求检修时间短、检修质量高，检修的环境及工况复杂，故难度较大。

2. 装置检修的特点

化工生产装置检修与其他行业的检修相比，具有复杂性强、危险性大的特点。

由于化工生产装置中使用的设备如炉、塔、釜、器、机、泵及罐槽、池等大多是非定型设备，种类繁多，规格不一，要求从事检修作业的人员具有丰富的技术知识，熟悉掌握不同设备的结构、性能和特点；装置检修因检修内容多、工期紧、工种多、上下作业、设备内外同时并进、多数设备处于露天或半露天布置等，检修作业受到环境和气候等条件的制约，加之外来的临时人员进入检修现场机会多，对作业现场环境又不熟悉，从而决定了化工装置检修的复杂性。

由于化工生产的危险性大，决定了生产装置检修的危险性亦大。此外，化工生产装置和设备复杂，尽管在检修前对设备和管道中的易燃、易爆、有毒物质进行了充分的吹扫置换，但是仍有可能残存。检修过程离不开动火、动土、限定空间等作业，客观上具备了发生火灾、爆炸、中毒、化学灼伤、高处坠落、物体打击等事故的条件。实践证明，生产装置在停车、检修施工、复工过程中最容易发生事故。据统计，在中石化总公司发生的重大事故中，装置检修过程的事故占事故总起数的42.63%。由于化工装置检修作业复杂、安全教育难度较大，很难保证进入检修作业现场的人员都具备比较高的安全知识和技能，也很难使安全技术措施自觉到位。因此化工装置检修具有危险性大的特点，同时也决定了装置检修的安全监管的重要地位。

任务实施

化工企业在进行检修作业前需要填写检修作业许可证,学生可以向企业人员或上网寻求帮助,将以下检修作业证填好。作业单位填写下厂实践的单位和车间。

检修作业许可证

许可证编号:

申请作业单位				
生产区名称				
设备位号(名称)或在单元/区域位置中的位置				
作业人		安全监护人		
作业内容				
作业时间		年 月 日 时 分至 年 月 日 时 分止		
序号	作业必要条件	是	否	确认人签名
1	通知作业人熟知作业的危害分析结果及防范措施			
2	切断设备驱动开关并作测试			
3	设备已经泄压、清洗或置换合格等工艺处理			
4	与设备连接的管道,法兰已确定断开或加堵盲板			
5	对作业范围附近的法兰和装置作泄漏测试,确保无泄漏			
6	劳动防护器具和消防器材配备合理、到位			
7	作业现场通风良好			
8	已办理相关的作业许可证			
9	作业负责人在现场			
10	作业人熟知作业内容和要达到的目的			
11	检修使用的工具、设备已进行详细的检查,安全可靠			
补充措施				
危害识别				

维修班长意见:	工艺班长意见:
签名:	签名:
车间领导意见:	分厂领导意见:
签名:	签名:

注:1. 此作业票按相关作业安全管理规定办理。

2. 在与本作业有关的具体措施上划"√",并由责任人签名。

任务二 抽堵盲板作业

案例引入

2007年1月19日，克拉玛依某公司硫黄回收装置停工检修，该车间技术员在进炉检查时，因氮气窒息死亡。

事故原因：(1)装置停工，反应器用氮气保护，炉体与反应器用盲板隔离，导致反应器内保护氮气通过工艺管线窜入炉膛。(2)作业人员进入炉膛检查未开具任何票证，也未采取任何防护措施，在无监护人的情况下进入有限空间，导致事故发生。

事故警示：抽堵盲板须由项目负责人负责，绘制盲板图，并编号、登记、落实到人。盲板的材质、厚度应符合安全技术规范要求。抽加盲板应在系统卸压后保持正压时进行。检修人员应配备适当的防毒面具和灭火器材，并挂盲板标志牌。从业人员应自觉树立安全意识，养成良好的职业安全习惯。

任务导入

1. 熟练掌握抽堵盲板作业。
2. 了解抽堵盲板的注意事项。
3. 能够填写抽堵盲板作业许可证。

知识准备

化工生产装置之间、装置与储罐之间、厂际之间，有许多管线相互连通输送物料。因此生产装置停车检修，在装置退料进行蒸煮水洗置换后，需要在检修的设备和运行系统管线相接的法兰接头之间插入盲板，以切断物料窜进检修装置的可能。

一、需要设置盲板的部位

(1) 原始开车准备阶段，在进行管道的强度试验或严密性试验时，不能和所相连的设备（如透平、压缩机、气化炉、反应器等）同时进行的情况下，需在设备与管道的连接处设置盲板。

(2) 界区外连接到界区内的各种工艺物料管道，当装置停车时，若该管道仍在运行之中，在切断阀处设置盲板。

(3) 装置为多系列时，从界区外来的总管道分为若干分管道进入每一系列，在各分管道的切断阀处设置盲板。

(4) 装置需定期维修、检查或互相切换的，所涉及的设备需完全隔离时，在切断阀处设置盲板。

(5) 充压管道、置换气管道（如氮气管道、压缩空气管道）、工艺管道与设备相连时，在切断阀处设置盲板。

(6) 设备、管道的低点排净，若工艺介质需集中到统一的收集系统，在切断阀后设置盲板。

(7) 设备和管道的排气管、排液管、取样管在阀后应设置盲板或丝堵。无毒、无危害健康和非爆炸危险的物料除外。

(8) 装置分期建设时，有相互联系的管道在切断阀处设置盲板，以便后续工程施工。

(9) 装置正常生产时，需完全切断的一些辅助管道，一般也应设置盲板。

(10) 其他工艺要求设置盲板的场合。

二、抽堵盲板的注意事项

(1) 堵盲板工作应由专人负责，要将拆装时间、部位、数量、拆装人员姓名记入盲板拆装记录，并绘制板图以备检查；

(2) 根据工艺技术部门审查批复的工艺流程盲板图进行抽堵盲板作业，并统一编号，作好抽堵记录；

(3) 在留有易燃、易爆有毒有害物质的设备出入口或与系统连接处的盲板处挂上"警示牌"；

(4) 负责盲板抽堵的人员要相对稳定，一般情况下，谁堵谁抽；

(5) 对抽加盲板的作业人员，要进行安全教育及防护训练，落实安全技术措施；

(6) 拆除法兰螺栓时要逐步缓慢松开，防止管道内余压或残余物料喷出；发生意外事故，加盲板的位置应在来料阀的后部法兰处，盲板两侧均应加垫片，并用螺栓紧固，做到无泄漏；

(7) 盲板材质要符合安全要求，有足够强度。盲板样式、规格要统一，并要统一编号（制作盲板可用 20# 钢、16MnR，禁止使用铸钢、铸铁材质，要求平整、光滑、无裂纹和孔洞，高压盲板应经探伤合格。管线中介质已放空或介质压力不大于 2.5MPa 时，盲板厚度不应小于管壁厚度）；

(8) 禁止带压、带物料拆装盲板，必要时须采取可靠措施，经安全防火部门审查批准，特殊危险作业要由主管领导批准。

任务实施

根据生产安全管理的要求，在盲板抽堵作业前，必须办理《盲板抽堵安全作业证》，没有《盲板抽堵安全作业证》不准进行盲板抽堵作业。《盲板抽堵安全作业证》见下表，学生可以向企业人员或网络寻求帮助，把以下《盲板抽堵安全作业证》填好，作业单位填写下厂实践的单位和车间。

盲板抽堵作业许可证

许可证编号：

申请作业单位		施工地点	
设备名称/位号		施工单位	
工作工人			
施工负责人		监护人	
作业内容			
作业时间	年 月 日 时 分 至 年 月 日 时 分		

如果作业条件、工作范围等发生异常变化，必须立即停止工作，本许可证同时作废

以下所有与施工有关的必要条件必须签字确认方可作业

序号	作业必要条件	确认人
1	作业前，施工负责人必须告知参加作业人员工作的危险因素和防护措施	
2	所有盲板必须符合安全技术要求，保证处于良好状态（在其安全措施上注明盲板规格材质）	
3	待修设备管线或系统必须放压，排尽残余物料，管道内的温度、压力必须符合安全规定	
4	抽堵盲板时，必须指派专人监护，必要时可通知生产调度部派人监护	
5	抽堵盲板时，工作人员必须佩戴与介质相对应的防护面具、穿戴防护服	
6	作业现场 25m 内禁止动火（包括正在进行的动火），禁带引火物及易燃物，必要时停止下风侧工作	
7	在高空作业时执行高空作业规定	
8	室内作业必须打开门窗，采取符合安全的通风设备通风	
9	作业前，与作业无关人员必须离开现场	
10	工作时间不宜过长，应轮班休息（一般 30min 为限）	
11	抽堵可燃介质容器或管道时应使用铜质或撞击时不产生火花的工具	
12	夜间作业，有足够的照明，如介质易燃易爆，须用电压小于 36V 的防爆灯	
其他安全措施		

作业许可证签发

监护人意见：	施工负责人意见：	施工单位意见：	生产单位意见：
签名：	签名：	签名：	签名：
完工验收	年 月 日 时 分		签名：

任务三　动火作业

案例引入

某化工企业停产检修，其中一个检修项目是用气割枪割断煤气总管后加装阀门。为此，公司专门制定了停车检修方案。检修当天对室外煤气总管（距地面高度约6m）及相关设备先进行氮气置换处理，约1h后，从煤气总管与煤气气柜间管道的最低取样口取样分析，合格后关闭氮气阀门，认为氮气置换结束，分析报告上写着"氢气＋一氧化碳<7%，不爆"。接着按停车检修方案，对煤气总管进行空气置换，2h后空气置换结束。车间主任开始出具《动火安全作业证》，独自制定了安全措施后，监火人、动火负责人、动火人、动火前岗位当班班长、动火作业的审批人（未到现场）先后在动火证上签字。约20min后（距分析时间已间隔3h左右），焊工开始用气割枪对煤气总管进行切割（检修现场没有专人进行安全管理），在割穿的瞬间煤气总管内的气体发生爆炸，其冲击波顺着煤气总管冲出，击中距动火点50m外正在管架上已完成另一检修作业、准备下架的1名工人，使其从管架上坠落死亡。

事故警示：动火作业时，应先取得动火证。动火证上应写明动火等级、动火方式、动火有效期限、动火具体地点部位、风险分析、动火安全措施及注意事项确认人签名等内容，填写不得漏项、缺项。

1. 了解用火与防火安全管理内容。
2. 掌握用火作业管理分级、动火作业安全措施。

一、用火与防火安全管理内容

1. 四不动火

四不动火指火票不批准不动火；无防火措施不动火；无防火监护人不动火；用火部位、时间与用火票不符不动火。

2. 工业用火管理范围

本节所称动火作业是指采用以下方式进行的作业活动：

① 各种气焊、电焊、铅焊、锡焊、塑料焊等焊接作业及用气割枪、等离子切割机、砂轮机、磨光机等进行的各种金属切割作业；电热处理、电钻、风镐等及其他临时用电作业。

② 使用喷灯、液化气炉、火炉、电炉、黑色金属撞击等明火作业。

③ 烧（烤、煨）管线、熬沥青、炒沙子、铁锤击（产生火花）物件、喷砂和产生火花的其他作业。

④ 生产装置和罐区连接临时电源并使用非防爆电器、检测仪表、照相闪光灯、摄录像器材、移动通信设备。

⑤ 进入生产装置区或罐区的作业车辆。

3. 用火作业管理分级

用火作业按照风险等级和控制难度分为特级、一级、二级、固定四个级别。

（1）特级动火作业的管理范围

① 在带油、带压或带可燃、有毒介质的容器、设备、管线上进行作业。

② 法定节假日期间，在生产装置、油品罐区、装卸台，进行的检修一级动火作业（二级用火区域除外）。

③ 在运行的液化气球罐区防火堤内的检维修。

（2）一级动火作业的管理范围

① 正在运行的或停产未置换退料的工艺生产装置区内。

② 存在可燃气体、液化烃、可燃液体及有毒介质的泵房、机房、仓库内。

③ 各类可燃气体、液化烃、可燃液体充装站及可燃液体罐区防火堤内。

④ 可燃气体、液化烃、可燃液体、有毒介质的装卸作业区。

⑤ 工业含水系统的隔油池、油沟、管道（包括距上述地点15m以内的区域）。

⑥ 切出运行，经吹扫、处理、分析合格（不包括重油）的系统工艺设备、管线。

⑦ 危险化学品库。

（3）二级动火作业的管理范围

① 停工检修经吹扫、处理、化验分析合格的工艺生产装置。

② 工艺、系统管网。

③ 经吹扫、处理、化验分析合格，并与系统采取有效隔离、不再释放有毒有害、可燃气体的大修油罐的罐内大修和喷砂防腐作业。

④ 从易燃易爆、有毒有害装置或系统拆除的，经吹扫、处理、分析合格，且运至安全地点的设备和管线。

⑤ 生产装置区、罐区的非防爆场所及防火间距以外的区域（包括操作室、变配电间、办公室等）。

⑥ 仓库、车库等禁火区。

⑦ 厂区主干道两侧绿化施工等动火作业。

⑧ 爆炸区域以外（参考技术部的电子版爆炸区域分布图）。

（4）固定用火区是在厂区内，在没有火灾危险性的区域划出的固定动火作业区域。在二级以上用火区域内，不应设固定用火区。

4. 危害辨识分析

动火作业前，由车间领导或车间安全人员组织有关人员，结合生产工艺设备情况，针对作业环境、作业对象、作业过程、作业内容中，可能产生的泄露、中毒、着火、爆炸及人身伤害的事故形式和危害方式及后果，进行危害识别分析，制定相应的作业程序和安全措施。

将识别分别确定的安全措施填入"动火作业许可证"内，并安排班组人员或施工人员组织实施。"动火作业许可证"内规定的安全措施和经辨识分析确定的安全措施，经检查确认没有问题后，才能按程序办理签发"动火作业许可证"。

5．动火作业管理程序及要求

（1）特级动火作业

① 特级动火作业前，由用火所在车间领导（副主任以上）组织安全技术人员、工段长（或值班长）、施工用火作业负责人（本人签字）进行危害识别和分析。

② 动火所在车间动火作业负责人和安全技术人员，组织班组人员或施工人员落实规定和确定的动火安全措施，安排动火化验分析。

③ 动火所在车间安全技术人员，在检查确认规定和确定的安全措施全部得到落实后，按填写要求填写办理"动火作业许可证"。

④ 动火所在车间将"动火作业许可证"报公司安环部审查和现场确认后签发，夜间由值班人员审查和现场确认后签发，留一份备案。

⑤ 动火所在车间将签批完整的"动火作业许可证"，交施工单位具体施工人员执行，交安全监护人现场监护，交车间备案。

⑥ 动火期间安环部必须安排一人在现场，车间安排一名安全员或以上的领导在现场。

（2）一级动火作业

① 一级动火作业前，由用火所在车间领导（副主任以上）组织安全技术人员、工段长（或值班长）、施工用火作业负责人进行危害识别和分析。

② 动火所在车间动火作业负责人和安全技术人员，组织班组人员或施工人员落实规定和确定的动火安全措施，安排动火化验分析。

③ 动火所在车间安全技术人员，在检查确认规定和确定的安全措施全部得到落实后，按要求填写办理"动火作业许可证"。动火所在车间领导（副主任以上）签发。

④ 动火所在车间将签批完整的"动火作业许可证"，交施工单位具体施工人员执行，交安全监护人现场监护，交车间备案。

⑤ 车间的一级动火作业期间需通知安环部值班人员。

⑥ 动火期间车间必须安排一名以上安全员或车间领导在现场。

（3）二级动火作业　由动火所在车间安全技术人员组织施工动火作业负责人进行危害识别分析，落实动火安全措施、安排动火化验分析，填写"动火作业许可证"。经动火所在车间领导（副主任以上）签发后，方可动火。

（4）固定动火区动火作业　由动火所在车间提出申请，报安环部进行审查批准。动火作业票签发必须本人签字，代签并引发事故的严肃处理。

（5）装置或罐区内电气设施、仪表设施、机泵机组等的检维修动火　一律由生产车间或辅助生产车间提出动火申请并开具"动火作业许可证"。

（6）"动火作业许可证"的填写和保管要求

① 动火安全措施的确认，由动火所在车间安全技术人员确认签字，并由施工动火作业负责人复查，其他补充安全措施由动火所在车间安全技术员根据具体作业情况填写并签字确认。

② "危害识别"一栏由动火所在车间安全技术人员负责填写；"危害识别"栏的重点是找出作业过程中可能引起着火、爆炸、中毒、烫伤、灼伤、坠落等潜在的事故形态和伤害形式，以提醒作业人员采取相关安全措施。

③ 施工动火作业涉及其他管辖区域时，由所在管辖区域车间领导（副主任以上）审查合格，在"相关单位意见"一栏签字，并由双方单位共同落实安全措施，各派一名动火监护人。

④ 作业结束后，由动火所在车间安全技术人员组织施工动火作业负责人对动火现场进行验收，合格后分别在"完工验收"一栏签名。

⑤ "动火作业许可证"是动火作业的凭证和依据，不得涂改，如确需修改时，由签发人在修改内容处签字确认。有的栏目不需要填写时，一律用"/"表示。任何人不得代他人签发"动火作业许可证"。

⑥ "动火作业许可证"一式三联，第一联由车间保存；第二联由动火作业人持有，作业时随身携带；第三联由动火监护人持有，监护时随身携带。

⑦ 特级"动火作业许可证"由公司安环部存档；一级"动火作业许可证"、二级"动火作业许可证"由动火所在车间存档。

(7) "动火作业许可证"的时效管理要求

① 特级、一级"动火作业许可证"的有效时间不超过 8h。

② 二级"动火作业许可证"分日常动火和大检修期间动火两种时效要求。日常"动火作业许可证"有效时间不超过 12h；大检修期间"动火作业许可证"有效时间不超过 3 天，中间不得跨越双休日。

③ 固定动火点，每半年由安环部检查认定一次。

④ "动火作业许可证"的保存期为一年。

在化工装置中，凡是动用明火或可能产生火种的作业都属于动火作业。例如电焊、气焊、切割、熬沥青、烘砂、喷灯等明火作业；凿水泥基础、打墙眼、电气设备的耐压试验、电烙铁锡焊等易产生火花或高温的作业。因此凡检修动火部位和地区，必须按相关规定的要求，采取措施，办理审批手续。

二、动火安全要点

(1) 审证 在禁火区内动火应办理动火证的申请、审核和批准手续，明确动火地点、时间、动火方案、安全措施、现场监护人等。审批动火应考虑两个问题：一是动火设备本身，二是动火的周围环境。要做到"四不动火"，即：没有动火证不动火，防火措施不落实不动火，监护人不在现场不动火，用火部位、时间与用火票不符不动火。

(2) 联系 动火前要和生产车间、工段联系，明确动火的设备、位置。事先由专人负责做好动火设备的置换、清洗、吹扫、隔离等解除危险因素的工作，并落实其他安全措施。

(3) 隔离 动火设备应与其他生产系统可靠隔离，防止运行中设备、管道内的物料泄漏到动火设备中；将动火地区与其他区域采取临时隔火墙等措施加以隔开，防止火星飞溅而引起事故。

(4) 移去可燃物 将动火周围 10m 范围以内的一切可燃物，如溶剂、润滑油、回丝、未清洗的盛放过易燃液体的空桶、木框等移到安全场所。

(5) 灭火措施 动火期间动火地点附近的水源要保证充分，不能中断；动火场所准备好足够数量的灭火器具；在危险性大的重要地段动火，消防车和消防人员要到现场，做好充分准备。

(6) 检查与监护　上述工作准备就绪后,根据动火制度的规定,厂、车间或安全、保卫部门的负责人应到现场检查,对照动火方案中提出的安全措施检查是否落实,并再次明确和落实现场监护人和动火现场指挥,交代安全注意事项。

(7) 动火分析　动火分析不宜过早,一般不要早于动火前的半小时。如果动火中断半小时以上,应重做动火分析。分析试样要保留到动火之后,分析数据应做记录,分析人员应在分析化验报告单上签字。

(8) 动火　动火应由经安全考核合格的人员担任,压力容器的焊补工作应由锅炉压力容器考试合格的工人担任。无合格证者不得独自从事焊接工作。动火作业出现异常时,监护人员或动火指挥应果断命令停止动火,待恢复正常、重新分析合格并经相关部门同意后,方可重新动火。高处动火作业应戴安全帽、系安全带,遵守高处作业的安全规定。氧气瓶和移动式乙炔瓶发生器不得有泄漏,应距明火 10m 以上,氧气瓶和乙炔发生器的间距不得小于 5m,有五级以上大风时不宜高处动火。电焊机应放在指定的地方,火线和接地线应完整无损、牢靠,禁止用铁棒等物代替接地线和固定接地点。电焊机的接地线应接在被焊设备上,接地点应靠近焊接处,不准采用远距离接地回路。

(9) 善后处理　动火结束后应清理现场,熄灭余火,做到不遗漏任何火种,切断动火作业所用电源。

三、动火作业安全要求

(1) 油罐带油动火　除了检修动火应注意的安全要点外,还应注意:在油面以上不准动火;补焊前应进行壁厚测定,根据测定的壁厚确定合适的焊接方法;动火前用铅或石棉绳等将裂缝塞严,外面用钢板补焊。罐内带油时动火补焊作业危险性很大,只在万不得已的情况下才采用,作业时要求稳、准、快,现场监护和补救措施应比一般检修动火强。

(2) 油管带油动火　油管带油动火处理的原则与油罐带油动火相同,只是在油管破裂,生产无法进行的情况下,才带油动火,抢修堵漏。带油管路动火应注意:测定焊补处管壁厚度,决定焊接电流和焊接方案,防止烧穿;清理周围现场,移去一切可燃物;准备好消防器材,并利用难燃或不燃挡板严格控制火星飞溅方向;降低管内油压,但需保持管内油品的持续流动;对泄漏处周围的空气要进行分析,合乎动火安全要求才能进行;若是高压油管,要降压后再打卡子焊补;动火前与生产部门联系,在动火期间不得卸放易燃物资。

(3) 带压不置换动火　指可燃气体设备、管道在一定的条件下未经置换直接动火补焊。带压不置换动火的危险性极大,一般情况下建议不采用。必须采用带压不置换动火时,应注意:整个动火作业必须保持稳定的正压;必须保证系统内的含氧量低于安全标准(除环氧乙烷外一般规定可燃气体中含氧量不得超过 1%);焊前应测定壁厚,保证焊时不烧穿才能工作;动火焊补前应对泄漏处周围的空气进行分析,防止动火时发生爆炸和中毒;作业人员进入作业地点前穿戴好防护用品,作业时作业人员应选择合适的位置,防止火焰外喷烧伤。

任务实施

动火作业在化工企业中非常重要,学生须掌握填写和查看动火作业证的要点。请学生向企业人员或网络寻求帮助,将以下《动火作业许可证》填好,作业单位填写下厂实践的单位和车间。

动火作业许可证

许可证编号:

申请单位(车间)		申请人	
装置/单元/区域			
设备位号		设备名称	
用火人姓名		工种类别	
用火作业部位及内容			
监护人姓名		工种	
用火作业时间	年 月 日 时 分至 年 月 日 时 分		
危害识别	指出动火注意事项,如工作区清空等用火作业条件		
检查工作区域的进出情况			
检查工作区域的工作条件			
确认人(主操、班长)	签名:		

本部分由分析人员填写		作业证签发条件(必须在作业之前满足)	
		用过安全措施	确认人
可燃气体:		(1)用火设备内部的物料清理干净,蒸汽吹扫或水洗合格,达到用火条件	
		(2)断开与用火设备相连的所有管线,加盲板	
		(3)用火点周围(最小半径15m)的下水井、地漏、地沟、电缆沟等已清除易燃物,并已覆盖、铺沙、水封	
有毒气体:		(4)罐区内用火点同一围墙内和防火间距内的油罐不得脱水作业	
		(5)高处作业(2m以上)须采取防火花飞溅措施,大于5级风时禁止用火	
		(6)电焊回路线应接在焊件上,电线不得穿过下水井或其他设备搭建	
		(7)乙炔气瓶(禁止卧放)、氧气瓶与火源间的距离不得少于10m	
分析日期	年 月 日 时 分	(8)动火现场备蒸发带、灭火器、铁锹把、石棉布等	
分析人员		其他安全措施	
用火申请单位意见:		分厂单位意见:	
签字:		签字:	
用火结束验收:		验收人:	日期:

任务四 受限空间作业

案例引入

2006年10月28日19时20分，安徽省某公司在其总包的中石油新疆独山子在建工程项目 $1×10^5 m^3$ 原油储罐罐顶浮船进行防腐作业时，发生重大爆炸事故，造成13人死亡、6人受伤。事故的直接原因是：非防爆电器产生火花引爆了达到爆炸极限的油漆稀料。在该事故中，施工作业时防腐涂料需掺兑相应的稀释剂，以便于喷刷操作和快速干燥。稀释剂可以是汽油、二甲苯、甲苯、环己酮或丙酮等。掺兑比例一般为1:1。这些稀释剂都是易燃易挥发的液体。每平方米需用500g左右的稀释剂，多名承包商员工同时作业时，易燃溶剂使用量之大、爆炸危险性之大可想而知。因此，作业过程中，挥发出的可燃气体达到了爆炸极限，非防爆电器产生火花引爆了油漆稀料。

事故警示：日常工作应与风险辨识、隐患排查、安全措施的落实紧密结合，日常安全管理要严谨，责任落实要到位，制度执行要严格，应急管理和应急处置能力要不断提高。也警醒我们安全管理不能有丝毫的麻痹懈怠和侥幸心理，应高度重视并加强安全管理。从思想上提高对安全生产极端重要性的认识，严格落实安全生产责任和措施。

任务导入

掌握罐内作业安全技术要求。

知识准备

"受限空间"是指生产区域内的炉、塔、釜、罐、仓、槽车、管道、烟道、隧道、下水道、沟、坑、井、池、涵洞等封闭、半封闭的设施及场所。

凡进入塔、釜、槽、罐、炉、器、机、筒仓、地坑或其他限定空间内进行检修、清理，称为限定空间内作业。化工装置限定空间作业频繁，危险因素多，是容易发生事故的作业。人在氧含量为19%～21%空气中，表现正常；假如降到13%～16%时会突然晕倒；降到13%以下，会死亡。限定空间内不能用纯氧通风换气，因为氧是助燃物质，万一作业时有火星，会着火伤人。限定空间作业还会受到爆炸、中毒的威胁。可见限定空间作业，缺氧与富氧、毒害物质超过安全浓度，都会造成事故。因此，必须办理相关作业许可证。

M6-1 有限空间作业简介

凡是用惰性气体（氮气）置换过的设备，相关人员进入限定空间前必须用空气置换，并对空气中的氧含量进行分析。如系限定空间内动火作业，除了空气中的可燃物含量符合规定外，氧含量应在19%～21%范围内。若限定空间内具有毒性物质，还应分析空气中毒性物质的含量，保证在容许浓度以下。

值得注意的是，动火分析合格不等于不会发生中毒事故。例如限定空间内丙烯腈含量为

0.2%，符合动火规定，当氧含量为21%时，虽为合格，但却不符合卫生规定。车间空气中丙烯腈最高容许浓度为2mg/m³，经过换算，0.2%（体积分数）为最高容许浓度的2167.5倍。进入丙烯腈含量为0.2%的限定空间内作业，虽不会发生火灾、爆炸，但会发生中毒事故。

进入酸、碱储罐作业时，要在储罐外准备大量清水。人体接触浓硫酸，若接触较少，须迅速用大量清水冲洗，并送医院处理；若接触量大，则须先迅速擦净大量的硫酸，再用清水冲洗，送医。

进入限定空间内作业，与电气设施接触频繁，照明灯具、电动工具如果漏电，都有可能导致人员触电伤亡，所以照明电源应为36V，潮湿部位应是12V。检修带有搅拌机械的设备，作业前应把传动皮带卸下，切除电源，如取下保险丝、拉下闸刀等，并上锁，使机械装置不能启动，再在电源处挂上"有人检修、禁止合闸"的警告牌。上述措施采取后，还应有人检查确认。

限定空间内作业时，一般应指派两人以上罐外监护。监护人应了解介质的各种性质，应位于能经常看见罐内全部操作人员的位置，眼光不能离开操作人员，更不准擅离岗位。发现罐内有异常时，应立即召集急救人员，设法将罐内受害人救出，监护人员应从事罐外的急救工作。即使在非常时候，监护人也不得自己进入罐内。凡是进入罐内抢救的人员，必须根据现场情况穿戴防毒面具或氧气呼吸器、安全防带等防护用具，决不允许不采取任何个人防护而冒险入罐救人。

为确保进入限定空间作业安全，必须严格按照《厂区设备内作业安全规程》办理设备内安全作业证，持证作业。

设备内作业安全技术要求：

（1）设备（槽、罐、塔、釜）内作业，必须办理"设备内作业许可证"。该设备必须与其他设备隔绝（加盲板或拆除一段管道，不允许采用其他方法代替），并清洗、转换。

（2）进入设备内作业前30min内，要取样分析有毒、有害物质浓度、氧含量，经检验合格后，方可进入作业。在作业过程中至少每隔2h分析一次，如发现超标，立即停止作业，迅速撤出人员。

（3）进入有腐蚀性、窒息、易燃、易爆、有毒物料的设备内作业时，必须穿戴适用的个人劳动防护用品、防毒器具。

（4）在检修作业条件发生变化，并可能危害检修作业人员时，必须立即撤出设备。若要继续再进入设备内作业时，必须重新办理进入设备内作业手续。

（5）设备内作业必须有作业监护人。监护人应由有经验的人员担任。监护人必须认真负责，坚守岗位，并与作业人员保持有效的联络。

（6）设备内作业应根据设备具体情况搭设安全梯及架台，并配备救护绳索，确保应急撤离需要。

（7）设备内应有足够的照明，照明电源必须是安全电压，灯具必须符合防潮、防爆等安全要求。

（8）严禁在作业设备内外投掷工具及器材，禁止用氧气吹扫。

（9）在设备内动火作业，除执行有关动火的规定外，动焊人员离开时，不得将焊（割）炬留在设备内。

（10）作业完工后，经检修人、监护人与使用部门负责人共同检查，确认无误，并由检修负责人与使用部门负责人在进入设备内作业证上签字后，检修人员方可封闭设备孔。

任务实施

1. 模拟进入甲醇厂合成氨装置火炬受限空间作业。
2. 按下表所示,填写受限空间作业票。

进入合成氨装置受限空间作业票

编号:

装置/单元名称		设备名称	
原有介质		主要危险因素	
作业单位		监护人	
作业内容			
作业人员			
作业时间		年 月 日 时 分至 年 月 日 时 分	

采样时间	氧含量	可燃气体含量	有毒气体含量	分析工签名
	%	%		

序号	主要安全措施	选项	确认人
1	与受限空间有联系的阀门、管线应用符合规定要求的盲板隔离,列出盲板清单,并落实拆装盲板负责人		
2	设备经过置换、吹扫、蒸煮		
3	设备打开通风孔进行自然通风,温度适宜人员作业;必要时采取强制通风或佩戴空气呼吸器,但设备内缺氧时,严禁用通氧气的方法补氧		
4	相关设备进行处理时,带搅拌机的设备应切断电源,挂"禁止合闸"标志牌,设专人监护		
5	盛装过可燃有毒液体、气体的受限空间,应分析可燃、有毒有害气体含量		
6	检查受限空间内部是否具备作业条件。受限空间作业期间,严禁同时进行各类与该设备有关的试车、试压或试验工作。在同一受限空间内不应进行交叉作业,如必要时,必须采取避免相互影响、相互伤害的安全措施		
7	作业人员应清楚受限空间内存在的其他危害因素,如内部附件、集渣坑等		
8	检查受限空间进出口通道,不得有阻碍人员进出的障碍物		
9	使用的所有电气设备必须安装漏电保护器,漏电起跳电流不大于30mA,并做到"一机一闸一保护"		
10	金属容器、潮湿、工作场地狭窄的受限空间作业照明电压不大于12V;严禁将接线箱(板)带入容器内使用,在潮湿容器中,作业人员应站在绝缘板上,同时保证金属容器接地可靠		
危害识别及其他补充安全措施			
		厂领导意见: 签名:	
完工验收	验收时间 年 月 日 时 分	作业单位 签名:	生产单位 签名:

任务五　高处作业

案例引入

H省W县某建筑公司分包承建的发电厂一期工程3号机组冷却塔施工项目执行经理在未得到总包许可的前提下，带领所属施工人员来到工地。该建筑公司现场负责人安排施工班长组织拆除作业前的技术交底工作。班长王某在施工现场组织了班前会，交代了施工操作规程后，带领11名工人沿井架爬梯步道上到井架吊桥平台，进行平台下降作业。

15时许，吊桥平台下降1m后（总高度为46.25m），根据下降距离，需要调整倒链。此时位于可伸缩的前桥平台左端的操作工张某在挂设备用倒链没有受力的情况下，就将受力倒链解掉，使前桥平台前端两侧倒链受力不均，造成前桥平台失去平衡。按操作规程要求，吊桥平台拆除前应先将前桥收缩，由前向后逐步收缩，最后用倒链封死，然后将平台降至底部。此次作业前，四节吊桥只收缩两节半，还留一节半的吊桥在外，未全部收缩进来。在班长的指挥下又有4人赶到前桥左端，在没采取任何防护措施的情况下去拉升倒链，造成倾斜加剧，前桥自重和动荷载及相应的力将作为滑道用的首桥槽钢下翼冲击变形，前桥掉出轨道，班长王某等7人从高处坠落，当场死亡5人，重伤2人。

施工现场地面人员发现情况后，紧急呼叫120，与该单位车辆一起立即将坠落人员送至L市人民医院抢救，至当日16时40分，重伤2人经抢救无效先后死亡。

事故警示：防止发生高处坠落事故，首先要做好作业现场的科学管理，明确岗位职责，熟悉作业方法，严格执行安全操作规程和劳动纪律，杜绝违章操作，正确使用防护用品，加强日常的检查。其次要采取周密的防护措施，高度重视高处作业安全生产管理，加强对操作人员的安全思想教育。自觉树立安全意识，养成良好的职业安全习惯。

任务导入

掌握高处作业基本知识及安全技术要求。

知识准备

一、高处作业的危险

凡在坠落高度基准面2m以上（含2m）有可能跌落的高处进行的作业，均称为高处作业。当基准面高低不平时，高处作业的高度应从最低点算起，高处作业属于危险作业。

在化工企业中，作业虽在2m以下，但属下列情况的，也视为化工高处作业。

（1）作业地段的斜坡（坡度大于45°）下面或附近有坑、井、风雪袭击、机械振动以及有机械转动的地方。

（2）凡是框架结构装置，虽有护栏，但进行非经常性工作时，有可能发生意外的。

(3) 在无平台、无护栏的化工设备以及架空管道、车辆、特种集装箱等上面进行作业的。

(4) 在高大设备容器内进行登高作业的。

二、高处作业的一般安全要求

1. 人员管理要求

（1）高处作业人员必须经体检合格。凡患有精神病、癫痫病、高血压、心脏病等疾病以及深度近视的人，不准参加高处作业，工作人员饮酒、精神不振时禁止高处作业。

（2）高处作业人员要防止触电。应根据电压等级与电线保持规定安全距离（≤110kV为2m；220kV为3m；330kV为4m）。要防止导体材料碰触电线。

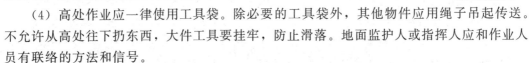

M6-2 高处作业的安全规范

（3）高处作业要顾前思后、细心从事，要穿戴轻便，不宜穿硬底、易滑的鞋，必须戴安全帽、系安全带。

（4）高处作业应一律使用工具袋。除必要的工具袋外，其他物件应用绳子吊起传送。不允许从高处往下扔东西，大件工具要挂牢，防止滑落。地面监护人或指挥人应和作业人员有联络的方法和信号。

（5）高处作业上下行动要谨慎，不得随意在任何地方爬上爬下，不得骑坐在栏杆上休息，不得倚靠在栏杆上起吊重物。

2. 登高用具管理

（1）登高用具应有专人负责保管，经常维护，定期检查，并建立借还手续制度。

（2）高处作业用的脚手架、跳板、栏杆、平台、梯子、吊篮、吊架、拉绳、升降用的卷扬机和滑车等，都必须符合有关安全规定，并按规定保管存放。

（3）登高用具在使用前，必须按规定要求认真检查是否牢靠。使用时注意不得超负荷。不合格的用具严禁使用。

（4）安全网安装后，须经专人检查合格后才能使用，焊接时火星禁止溅入安全网内。

（5）安全帽要符合国家标准，使用时必须安全佩戴。

（6）安全带要符合国家标准，系好的各种部件不得任意拆除，检查有无损坏，不准用绳子代替安全带。

3. 作业现场管理

（1）必须办理"高处作业许可证"。审批人员要严格把关，现场认真检查，认真落实安全措施。作业现场要有指定的监护人。

（2）高处作业现场应设有围栏或其他明显的安全界标。除相关人员外，任何人不得进入现场。尽量避免上下垂直交叉作业，若必须交叉作业，上下之间要有可靠隔离。

（3）坑、井、沟、池、孔等必须有栏杆拦护，尺寸要符合要求。

（4）不准借用非登高设施作为登高工具。严禁吊物升降机载人。

（5）在易散发有毒气体空间高处作业时，要采取必要的安全措施，并有专人监护。

（6）夜间登高作业时，必须有足够的照明设施和安全措施。

（7）上薄板、轻型材料（如石棉瓦、瓦楞板）作业时，必须铺设坚固、防滑的脚手板。工作面有坡度时，脚手板应加以固定。

（8）遇有六级以上大风、暴雨、雷电和大雾等的恶劣天气，禁止露天高处作业。若是抢险需要时，必须采取可靠的安全措施，厂长或总工程师要亲临现场指挥。

(9) 高处作业"十防"　一防梯架晃动；二防平台无护栏；三防身后有空洞；四防脚踩活动板；五防撞击到仪器；六防毒气往外散；七防高处有电线；八防撞倒木板栏；九防上方落物件；十防绳断仰天翻。

任务实施

1. 模拟高处作业的场景。
2. 按下表所示，填写高处作业票。

高处作业票

编号：

工程名称		填写人	
施工单位		作业地点	
作业内容		作业类别	
作业高度		施工单位监护人	
现场人员姓名		施工区域监护人	
派工单位监护人			
作业时间		年　月　日　时　分至　年　月　日　时　分	
相关作业票编号			

序号	主要安全措施	选项	确认人
1	作业人员身体条件符合要求		
2	作业人员着装符合要求		
3	作业人员系好安全带		
4	作业人员携带工具袋，所有工具系有安全绳		
5	作业人员佩戴过滤式呼吸器或空气呼吸器		
6	现场搭设的脚手架、防护围栏符合安全规程		
7	垂直分层作业时中间有隔离措施		
8	梯子和绳梯符合安全规程		
9	在不承重物上作业时应搭设并站在固定承重板上		
10	高处作业应有充足的照明，安装临时灯或防爆灯		
11	30m以上进行高处作业应配备有通信联络工具		
12	其他补充安全措施		
危害识别			

施工单位意见：	车间（工段）意见：	安全管理部门意见：	厂领导审批意见：
签名：	签名：	签名：	签名：
完工时间　年　月　日　时　分		验收人签名：	验收人签名：

项目七 职业卫生与劳动保护

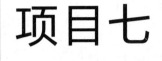

劳动保护是指对从事生产劳动的生产者,在生产过程中的生命安全与身体健康的保护。在化工生产中,存在许多威胁职工健康、使劳动者发生慢性病或职业中毒的因素,因此在生产过程中必须加强劳动保护。从事化工生产的职工,应该掌握相关的劳动保护基本知识,自觉地避免或减少在生产环境中受到伤害。

任务一 化工职业病的认知

案例引入

上海市某县一个皮鞋厂女工俞某,女,21岁,因月经过多,于2005年4月17日至卫生院就诊,诊治无效。4月19日到县中心医院就诊,遵医生嘱咐于4月21日又去该院血液病门诊就医,因出血不止,收入院治疗。骨髓检查诊断为再生障碍性贫血。5月8日因大出血死亡。

5月9日举行追悼会,与会的同车间工人联想到自己也有类似现象。其中两名女工于5月10日至县中心医院就诊分别诊断为上消化道出血和白血病(此后也均诊断为再生障碍性贫血)。但未考虑职业危害因素。

上述两位病员住院后，医师告诉家属病难治好，致此车间工人惶惶不安。乡党委和工厂领导重视此事，组织全体工人去乡卫生院检查身体，发现血白细胞数减少者较多。乡卫生院立即向县卫生防疫站报告。县卫生防疫站又向上海市卫生防疫站报告。由市卫生防疫站组织有关人员开展调查。结果发现该厂制帮车间生产过程为：鞋帮坯料—用胶水黏合—缝制—成鞋帮。

制帮车间面积$56m^2$，高3m，冬季门窗紧闭。制帮用红胶含纯苯91.22%，每日消耗苯9kg以上，均蒸发在此车间内。用甲苯模拟生产过程，测车间中甲苯空气浓度为卫生标准的36倍。而苯比甲苯更易挥发，故可推测生产时，苯的浓度可能更高。该厂共有职工74人，其中男工37人，女工37人，制帮车间21人，配底及其他部门54人。体检发现，确诊为苯中毒者共18例，（包括生前未诊断苯中毒的死亡者一例），其中重度慢性苯中毒7例，均为制帮车间工人。18例苯中毒中制帮车间占14例。

该厂于2002年4月投产。投产前未向卫生防疫站申报，所以未获必要的卫生监督。接触苯作业的工人均未进行就业前体格检查。车间缺乏职业卫生宣传教育，全厂干部和工人都不知道黏合用的胶水有毒。

事故警示：为了预防、控制和消除职业病危害，防治职业病，保护劳动者健康及其相关权益，促进经济社会发展，国家出台了《职业病防治法》。工作人员要主动做好个体防护措施，自觉树立安全意识，养成良好的职业安全习惯。

1. 了解职业性危害因素。
2. 熟悉职业病的分类。

一、职业性危害因素

在生产过程中、劳动过程中、作业环境中存在的危害从业人员健康的因素，称为职业性危害因素。

1. 职业性危害因素的来源

职业性危害因素按其来源主要有以下几类。

（1）生产工艺过程危害因素　随着生产技术、机器设备、使用材料和工艺流程变化不同而变化。如与生产过程有关的原材料、工业毒物、粉尘、噪声、振动、高温、辐射及传染性因素等因素有关。

（2）劳动过程危害因素　主要是由于生产工艺的劳动组织情况、生产设备布局、生产制度与作业人员体位和方式以及智能化的程度有关。

（3）作业环境危害因素　主要是作业场所的环境，如室外不良气象条件，室内由于厂房狭小、车间位置不合理、照明不良与通风不畅等因素都会对作业人员产生影响。

2. 职业性危害因素的分类

职业性危害因素按其性质，可分为以下几方面。

(1) 环境因素

① 物理因素。不良的物理因素，或异常的气象条件如高温、低温、噪声、振动、高低气压、非电离辐射（可见光、紫外线、红外线、射频辐射、激光等）与电离辐射（如 X 射线、Y 射线）等，这些都可以对人产生危害。

② 化学因素。生产过程中使用和接触到的原料、中间产品、成品及这些物质在生产过程中产生的废气、废水和废渣等都会对人体产生危害，也称为工业毒物。毒物以粉尘、烟尘、雾气、蒸气或气体的形态遍布于生产作业场所的不同地点和空间，接触毒物可对人产生刺激或使人产生过敏反应，还可能引起中毒。

③ 生物因素。生产过程中使用的原料、辅料及在作业环境中都可存在某些致病微生物和寄生虫，如炭疽杆菌、霉菌、布氏杆菌、森林脑炎病毒和真菌等。

(2) 与职业有关的其他因素　劳动组织和作息制度的不合理导致的工作紧张；个人生活习惯不良，如过度饮酒、缺乏锻炼；劳动负荷过重，长时间的单调作业、夜班作业，动作和体位的不合理等都会对人产生不良影响。

(3) 其他因素　社会经济因素，如国家的经济发展速度、国民的文化教育程度、生态环境、管理水平等因素都会对企业安全、卫生的投入和管理带来影响。职业卫生法制的健全、职业卫生服务和管理系统化，对于控制职业危害的发生和减少作业人员的职业伤害，也是十分重要的因素。

二、职业病的概念及其分类

1. 职业病的概念

职业病是指劳动者在职业活动中，接触粉尘、放射性物质和其他有毒有害物质等因素而引起的疾病。如在职业活动中，接触粉尘可导致尘肺，接触工业毒物可导致职业中毒，接触工业噪声可导致噪声聋。

由国家主管部门公布的职业病目录所列的职业病称为法定职业病。界定法定职业病的几个基本条件是：

(1) 在职业活动中产生。

(2) 接触职业危害因素。

(3) 列入国家职业病范围。

由于预防工作的疏忽及技术局限性，使健康受到损害的，称为职业性病损，包括工伤、职业病及与工作有关的疾病。也可以说，职业病是职业病损的一种形式。

2. 职业病的分类

我国卫生部、劳动和社会保障部颁布的《职业病分类和目录》（国卫疾控发〔2013〕18 号），将法定职业病分为十大类。包括：①职业性尘肺病及其他呼吸系统疾病；②职业性皮肤病；③职业性眼病；④职业性耳鼻喉口腔疾病；⑤职业性化学中毒；⑥物理因素所致职业病；⑦职业性放射性疾病；⑧职业性传染病；⑨职业性肿瘤；⑩其他职业病。

为确保科学、公正地进行职业病诊断与鉴定，卫生部发布了《职业病诊断与鉴定管理办法》以及一系列《职业病诊断标准》，使得职业病诊断、鉴定工作能够依据法定的标准与程序实施。

三、生产性粉尘及肺尘埃沉着病

1. 生产性粉尘

生产性粉尘是指在生产过程中形成，并能长时间悬浮在空气中的固体微粒。生产性粉尘主要来源于固体物质的机械加工、蒸气冷凝、物质的不完全燃烧等生产过程。

2. 粉尘引起的职业危害

粉尘引起的职业危害有全身中毒性、局部刺激性、变态反应性、致癌性、肺尘埃沉着病。其中以肺尘埃沉着病的危害最为严重。肺尘埃沉着病是目前我国工业生产中最严重的职业危害之一。

四、生产性毒物及职业中毒

生产过程中生产或使用的有毒物质称为生产性毒物。生产性毒物在生产过程中，可以在原料、辅助材料、夹杂物、半成品、成品、废气、废液及废渣中存在，其形态包括固体、液体、气体。如氯、溴、氨、一氧化碳、甲烷以气体形式存在，电焊时产生的电焊烟尘、水银蒸气、苯蒸气，还有悬浮于空气中的粉尘、烟和雾等。

生产性毒物可引起职业中毒。某些生产性毒物可致人体突变、致癌、致畸，引起机体遗传物质的变异，对女工月经、妊娠、授乳等生理功能产生不良影响，不仅对妇女本身有害，而且危及下一代。

生产性毒物的危害及防护技术详见本教材项目四。

五、物理性职业危害因素及所致职业病

作业场所存在的物理职业危害因素包括气象条件（气温、气湿、气流、气压）、噪声、振动、电磁辐射等。

1. 噪声及噪声聋

由于机器转动、气体排放、工件撞击与摩擦等所产生的噪声，称为生产性噪声或工业噪声。

生产性噪声对人体的危害首先是对听觉器官的损害，我国已将噪声聋列为职业病。噪声还可对神经系统、心血管系统及全身其他器官功能产生不同程度的危害。

2. 振动及振动病

生产设备、工具产生的振动称为生产性振动。产生振动的设备有锻造机、冲压机、压缩机、振动筛、鼓风机、振动传送带和打夯机等。产生振动的工具主要有锤打工具，如凿岩机、空气锤等；手持转动工具，如电钻和风钻等；固定轮转工具，如砂轮机等。

振动病分为全身振动病和局部振动病两种。局部振动病为法定职业病。

3. 电磁辐射及所致的职业病

电磁辐射引起的职业病包括：全身性放射性疾病，如急、慢性放射病；局部放射性疾病，如急、慢性放射性皮炎及辐射性白内障；放射所致远期损伤，如放射所致白血病。

列为国家法定职业病的有急性、亚急性、慢性外照射放射病，外照射皮肤疾病和内照射放射病、放射性肿瘤、放射性骨损伤、放射性甲状腺疾病、放射性性腺疾病、放射复合

伤和其他放射性损伤共 11 种。

4. 异常气象条件及有关职业病

异常气象条件指高温、高温强热辐射、高温高湿；其他异常气象条件指低温、低气压等。

异常气象条件引起的职业病列入国家职业病目录的有以下 3 种：中暑、减压病（急性减压病主要发生在潜水作业后）、高原病（发生于高原低氧环境下的一种特发性疾病）。

六、职业性致癌因素和职业癌症

1. 职业性致癌物的分类

与职业有关的能引起肿瘤的因素称为职业性致癌因素。由职业性致癌因素所致的癌症，称为职业癌症。引起职业癌症的物质称为职业性致癌物。

职业性致癌物可分为三类：

（1）确认致癌物 如炼焦油、芳香胺、石棉、铬、芥子气、氯甲醚、氯乙烯和放射性物质等。

（2）可疑致癌物 如镉、铜、铁和亚硝胺等，但尚未经流行病学调查证实。

（3）潜在致癌物 这类物质在动物实验中已获阳性结果，有致癌性，如钴、锌、铅。

2. 职业癌病

我国已将八种职业性肿瘤列入职业病名单：①石棉所致肺癌、皮间瘤；②联苯胺所致膀胱癌；③苯所致白血病；④氯甲醚所致肺癌；⑤砷所致肺癌、皮肤癌；⑥氯乙烯所致肝血管肉瘤；⑦焦炉个人肺癌；⑧铬酸盐制造业个人肺癌。

七、生物因素所致职业病

我国将炭疽、森林脑炎、布氏杆菌病列为法定职业病。

八、其他列入职业病目录的职业性疾病

职业性皮肤病（接触性皮炎、光敏性皮炎、电光性皮炎、黑变病、痤疮、溃疡、化学性皮肤灼伤、其他职业性皮肤病）、化学性眼部灼伤、铬鼻病、牙酸蚀症、金属烟尘热、职业性哮喘、职业性变态反应性肺泡炎、棉尘病、煤矿井下工人滑囊炎等均列入职业病目录。

九、与职业有关的疾病

与职业有关的疾病主要是指在职业人群中，由多种因素引起的疾病，它的发生与职业因素有关，但又不是唯一的发病因素，非职业因素也可引起发病，是未列入职业病目录的一些与职业因素有关的疾病，如搬运工、铸造工、长途汽车司机、炉前工及电焊工等因不良工作姿势所致的腰背痛；长期固定姿势，长期低头，长期伏案工作所致的颈肩痛；长期吸入刺激性气体、粉尘而引起的慢性支气管炎等。

视屏显示终端（VDT）的职业危害问题：由于微机的大量使用，视屏显示终端操作人员的职业危害问题是关注的重点。长时间操作 VDT，可出现 "VDT 综合征"，主要表现为神经衰弱综合征、肩颈腕综合征和眼睛视力方面的改变等。

其他如一些单调作业引起的疲劳、精神抑制等；夜班作业导致的失眠、消化不良，又称为 "轮班劳动不适应综合征"；还有脑力劳动，精神压力大、紧张可引起心血管系统的改变等。某些工作的压力大或责任重大引起的心理压力增加等也会对人体带来影响变化。

十、女工的职业卫生问题

妇女由于生理特点,在职业性危害因素的影响下,生殖器官和生殖功能易受到影响,且可以通过妊娠、哺乳而影响胎儿、婴儿的健康和发育成长,关系到未来的人口素质。在一般体力劳动过程中,存在强制体位(如长时间立姿、坐姿)和重体力劳动的负重作业两方面问题。我国目前规定,成年妇女禁忌参加连续负重、禁忌每次负重质量超过 20kg、间断负重每次质量超过 25kg 的作业。许多生产性毒物、物理性因素以及劳动生理因素可对女工健康造成危害,常见的有铅、汞、锰、锡、苯、甲苯、二甲苯、二硫化碳、氯丁二烯、苯乙烯、己内酰胺、汽油、氯仿、二甲基甲酰胺、三硝基甲苯、强烈噪声、全身振动、电离辐射、低温及重体力劳动等,这些均可引起月经变化或影响生殖健康。

任务实施

为了保护劳动者的权益,凡是有职业危害的场所必须悬挂职业危害告知卡,明确告知劳动者可能遭受的职业危害。职业病危害告知卡的主要内容有物质名称、对人体的危害及保护标志、健康危害、理化性质、出现意外时的应急处理及注意防护的事项等。

请动手制作二甲苯的职业病危害告知卡。可参考国家标准 GBZ 158—2003《工作场所职业病危害警示标识》及 GBZ/T 203—2007《高毒物品作业岗位职业病危害告知规范》。

任务二 个体防护装备的管理与使用

M7-1 职业病防治

劳动保护是指对从事生产劳动的生产者,在生产过程中的生命安全与身体健康的保护。在化工生产中,存在许多威胁职工健康、使劳动者发生慢性病或职业中毒的因素,因此在生产过程中必须加强劳动保护。从事化工生产的职工,应该掌握相关的劳动保护基本知识,自觉地避免或减少在生产环境中受到伤害。

案例引入

进入受限空间(罐体)应该戴正压式呼吸器,某小型农药厂工人在进入罐体处理堵塞时,错误地选择了过滤式防毒面具,下到罐内作业立即昏倒。另外 1 名工人发现后立即呼救,其他工段的工人也纷纷参加抢救,结果造成罐内罐外 11 人中毒,其中 3 人经抢救无效死亡。

事故警示:这是一起因企业管理不规范,员工安全知识缺失、安全意识淡薄引发的事故。在受限空间作业时,必须满足以下几点:必须申请、办理《受限空间安全作业证》,并得到批准;必须进行安全隔绝;必须切断动力电,并使用安全灯具;必须进行置换、通风;必须按时间要求进行安全分析;必须佩戴规定的防护用具;必须有人在受限空间外监护,并坚守岗位;必须有抢救后备措施。

1. 了解个体防护装备的特点。
2. 掌握个体防护装备的使用与管理。

知识准备

本节主要介绍个体防护装备、特种个体防护装备的管理与安全标志、个体防护装备选用等内容。在培训中，员工应重点掌握个体防护装备的使用和维护，并能正确选择个体防护装备，了解个体防护装备管理及特种个体防护装备安全标志等内容。对在本节中提到的防护装备具体穿（佩）戴步骤，应在实际培训中结合本岗位所能接触到的防护装备，按照产品说明书进行培训，尤其要掌握防护装备的使用原则。

一、个体防护装备的概念及范畴

1. 概念

个体防护装备，指从业人员在劳动中为防御物理、化学、生物等外界伤害人体的因素而穿戴和配备的各种护品的总称。

在生产过程中由于作业环境异常，容易造成由尘、毒、噪声、辐射等引起的职业病、职业中毒或工伤事故，严重的甚至危及生命。为了预防上述伤害，保证生产的顺利进行，国家颁布了一系列劳动保护法规，采取各种职业卫生和安全技术措施，改善劳动条件和劳动环境，防止伤亡事故，预防职业病和职业中毒。尽管如此，正确使用个体防护装备仍是保护劳动者安全健康必不可少的措施之一。

2. 范畴

个体防护装备除个人随身穿用的防护性用品外，还有少数公用性的防护装备，如安全网、防护罩等半固定或半移动的防护用具。

在安全技术措施中，改善劳动条件、排除有害因素是根本性的措施。使用个人防护装备，只是一种预防性的辅助措施。但在一定条件下，如劳动条件差、危害因素大或集体防护措施起不到防护作用的情况下，使用个人防护装备则成为主要的防护措施。个人防护装备即使作为预防性的辅助措施，在劳动过程中仍是不可缺少的生产性装备，因此不能被忽视。

二、个体防护装备的特点

1. 适用性

防护装备需在进入工作岗位时使用，这不仅要求产品的防护性能可靠，能确保使用者的安全与健康，而且还要求产品使用性能好，方便、灵活，便于应用。

2. 特殊性

防护装备是一种由用人单位购买，按防护要求免费提供给劳动者使用的特殊商品。企业必须按照国家和省、市个体防护装备有关标准进行选择和发放。尤其是特种防护装备，因其具有特殊防护功能，国家在生产、使用、购买等环节中都有严格要求。特种个体防护装备必须由取得特种个体防护装备安全标志的专业厂家生产，使用单位不得采购和使用无安全标志的特种个体防护装备；购买的特种个体防护装备必须经本单位的安全生产管理部门或者管理人员检查验收等。

3. 时效性

防护装备有一定的使用寿命，如橡胶类、塑料类等制品，时间久后，受紫外线及冷热影响会逐渐老化而易折断或破损。其他一些防护装备的零件长期使用会磨损，影响力学性能。

三、个体防护装备的作用

个体防护装备的作用是借用一定的屏蔽体或系带、浮体，采用过滤、吸收、阻隔等手段，保护肌体的局部或全身免受外来的伤害，从而达到保护人体的目的。

防护装备具有消除或者减轻事故的作用，但防护装备对人的保护是有限度的，当伤害超过允许防护的范围时，防护装备也将失去其作用。为此，要认真辨识工作环境中存在的风险，正确选用防护装备。同时，必须严格保证防护装备质量安全可靠，而且穿戴要舒服方便，不影响功效，还应经济耐用。

四、个体防护装备的分类

个体防护装备的种类很多，根据《劳动防护用品分类与代码》（LD/T 75—1995）的规定，我国实行以人体保护部位划分的分类标准，可分为头部防护装备、呼吸器官防护装备、眼面部防护装备、听觉器官防护装备、手部防护装备、足部防护装备、躯干防护装备、护肤用品和其他个体防护装备九大类。

五、个体防护装备的使用与管理

有职业危害的企业应建立、健全个体防护装备的使用与管理制度，保证个体防护装备充分发挥作用。用人单位应教育劳动者正确使用防护装备，所有个体防护装备在生产品包装中都应附有安全使用说明书，用人单位应按照产品说明书要求，及时更换、报废失效和过期的个体防护装备。所以在使用个体防护装备时，应注意以下几点：

（1）根据不同的使用场所及工作岗位的不同防护要求，正确选择性能符合要求的防护装备，绝不能选错或将就使用。

（2）使用个人防护装备者首先必须了解所使用的防护装备性能及正确的使用方法。

（3）使用个人防护装备前，必须严格检查，对损坏或磨损严重的，必须及时更换。

（4）妥善维护保养防护装备。这样不但可以延长防护装备使用期限，更重要的是能保证用品的防护效果，要仔细阅读防护装备的使用维护说明书，按要求正确维护防护装备。

（5）严禁使用过期或失效的个体防护装备。

六、特种个体防护装备的管理

国家安全生产监督管理总局规定：特种个体防护装备实行安全标志管理。特种个体防护装备安全标志是确认特种个体防护装备安全防护性能符合国家标准、行业标准，允许生产经营单位配发和使用该个体防护装备的凭证。特种个体防护装备安全标志由特种个体防护装备安全标志证书和特种个体防护装备安全标志、标识两部分组成。特种个体防护装备安全标志证书由国家安全生产监管总局监制,加盖特种个体防护装备安全标志管理中心印章。特种个体防护装备安全标志、标识由图形和特种个体防护装备安全标志编号构成。取得特种个体防护装备安全标志的产品应在产品的明显位置加施特种个体防护装备安全标志、标识,标识加施应牢固耐用。

生产个体防护装备的企业生产特种个体防护装备,必须取得特种个体防护装备安全标志。生产经营单位应按照国家有关规定为从业人员配备符合国家标准或行业标准的个体防护装备。

任务实施

学生根据常减压车间的生产需要,填写下列的申请表,申请个体防护装备。

申请部门:　　　　　　　　　　　　　　　申请时间:　年　月　日

品名	数量	申领岗位	申领原因	备注

部门经理:　　　　EHS专员:　　　　　　厂长:

项目八

应急处理

▶ 任务一 现场应急处理

案例引入

2008年8月2日，贵州某化工有限责任公司甲醇储罐发生爆炸燃烧事故，事故造成现场的施工人员3人死亡，2人受伤（其中1人严重烧伤），6个储罐被摧毁。事故发生后，贵州省安监局分管负责人立即率有关人员和专家组成的工作组赶赴事故现场，指导事故救援和调查处理。初步调查分析，此次事故是一起因严重违规违章施工作业引发的责任事故。为防范类似事故发生，现将事故情况和下一步工作要求通报如下：

2008年8月2日上午10时2分，该化工有限责任公司甲醇储罐区一精甲醇储罐发生爆炸燃烧，引发该罐区内其他5个储罐相继发生爆炸燃烧。该储罐区共有8个储罐，其中粗甲醇储罐2个（各为1000m^3）、精甲醇储罐5个（3个为1000m^3、2个为250m^3）、杂醇油储罐1个（250m^3），事故造成5个精甲醇储罐和杂醇油储罐爆炸燃烧（爆炸燃烧的精甲醇约240t、杂醇油约30t）。2个粗甲醇储罐未发生爆炸、泄漏。

事故警示：面对突发事件时，能准确描述各类异常情况并及时向上级主管汇报；能严格按照应急状况报告要求应对流程及时清晰、准确地汇报紧急状况；能根据工作性质联系相应的职能部门进行应急。在处理应急状况时能做到急而不乱，有效训练学生的逻辑思维能力。树立人文关怀和社会责任感。

1. 了解应急处理的原则。
2. 掌握应急处理的过程。

一、应急处置基本术语

应急处置：对突发险情、事故、事件等采取紧急措施或行动，进行应对处置。

应急预案：针对可能发生的事故，为迅速、有序地开展应急行动而预先制定的行动方案。

应急准备：针对可能发生的事故，为迅速、有序地开展应急行动而预先进行的组织准备和应急保障。

应急响应：事故发生后，有关组织或人员采取的应急行动。

应急救援：在应急响应过程中，为消除、减少事故危害，防止事故扩大或恶化，最大限度地降低事故造成的损失或危害而采取的救援措施或行动。

应急恢复：事故的影响得到初步控制后，为使生产、工作、生活和生态环境尽快恢复到正常状态而采取的措施或行动。

二、应急处置的原则

(1) 及时的原则　包括及时撤离人员、及时报告上级有关主管部门、及时拨打报警电话和及时进行排除救助工作。

(2) "先撤人、后排险"的原则　即在发生事故或出现紧急险情之后，应首先将处于危险区域内的一切人员撤出危险区域，然后再有组织地进行排险工作。

(3) "先救人、后排险"的原则　当有人受伤或死亡，应先救出伤员和撤出亡者，然后再进行排险处理工作，以免影响对伤员的及时抢救和避免对伤员、亡者造成新的伤害。

(4) "先防险、后救人"的原则　在险情和事故仍在继续发展或险情仍未消除的情况下，必须先采取支护等安全保险措施，然后再救人，以免使救护者受到伤害和使伤员受到新的伤害。救人要求"急"，同时也要求"稳妥"，否则，不但达不到救人的目的，还会使救助者受伤。

三、应急预案

应急预案又名"预防和应急处理预案"、"应急处理预案"、"应急计划"或"应急救援预案"，是事先针对可能发生的事故或灾害制定的应急与救援行动、降低事故损失的有关救援措施、计划或方案。应急预案实际上是标准化的反应程序，以使应急救援活动能迅速、有序地按照计划和最有效的步骤来进行，是应急处置的根据。

应急预案有三个方面的含义：

(1) 事故预防　通过危险辨识、事故后果分析，采用技术和管理手段降低事故发生的可能性且使可能发生的事故控制在局部，防止事故蔓延，并预防次生、衍生事故的发生。同时，通过编制应急预案并开展相应的培训，可以进一步提高各层次人员的安全意识，从而达到事故预防的目的。

（2）应急处理　一旦发生事故或故障，应有应急处理程序和方法，能快速反应处理故障或将事故消除在萌芽状态。

（3）抢险救援　采用预定现场抢险和抢救的方式，对人员进行救护并控制事故发展，从而减少事故造成的损失。

四、应急处置的内容

根据《生产经营单位生产安全事故应急预案编制导则》（GB/T 29639—2020）中的规定，应急处置主要包括以下内容：

① 事故应急处置程序。根据可能发生的事故类型及现场情况，明确事故报警、各项应急措施启动、应急救护人员的引导、事故扩大及同企业应急预案的衔接程序。

② 现场应急处置措施。针对可能发生的火灾、爆炸、危险化学品泄漏、坍塌、水患、机动车辆伤害等，从操作措施、工艺流程、现场处置、事故控制、人员救护、消防、现场恢复等方面制订明确的应急处置措施。

③ 报警电话及上级管理部门、相关应急救援单位联络方式和联系人员，事故报告的基本要求和内容。

五、应急过程

应急过程有接警、响应级别确定、建立警报、应急启动、救援行动、扩大应急、应急结束和后期处置几个过程。

1. 接警

事故灾难发生后，报警信息应迅速汇集到应急救援指挥中心并立即传送到各专业区域应急指挥中心。性质严重的重大事故灾难的报警应及时向上级应急指挥机关和相应行政领导报送。接警时应做好事故的详细情况记录和联系方式等。

2. 响应级别确定

应急救援指挥中心接到警报后，应立即与事故现场的地方或企业应急机构建立联系，根据事故报告的详细信息，对警情做出判断，由应急中心值班负责人或现场指挥人员初步确定相应的响应级别。

3. 建立警报

响应级别确定后，应立即按规定程序发布预警信息和警报。

如果事故不足以启动应急救援体系的最低响应级别，通知应急机构和其他有关部门响应关闭。

4. 应急启动

应急响应级别确定后，相应的应急救援指挥中心按所确定的响应级别启动应急程序，如通知应急救援指挥中心有关人员到位、开通信息与通信网络、调配救援所需的应急资源（包括应急队伍和物资、装备等）、派出现场指挥协调人员和专家组等。

5. 救援行动

现场应急指挥中心迅速启用，救援中心应急队伍及时进入事故现场，积极开展人员救助、工程抢险等有关应急救援工作，专家组为救援决策提供建议和技术支持。

6. 扩大应急

当事态仍无法得到有效控制时，须向上级救援机构（场外应急指挥中心）请求实施扩大应急响应。

7. 应急结束和后期处置

救援行动完成后，进入后期处置阶段。包括现场清理、人员清点和撤离、警戒解除、善后处理和事故调查等。

在上述应急响应程序的每一项活动中，具体负责人都应按照事先制定的标准操作程序来执行实施。

事态严重可直接拨打"119""120""110"，再向上级报告。

（1）拨"119"报警请注意

① 清楚表述着火的单位或地点，所处的区县、街道、胡同、门牌号码或乡村地址。

② 清楚表述什么物品着火，火势怎样，是否有人员被困火场，并留下姓名和联系电话。

③ 报警以后，应安排人员到附近的路口等待消防车。

（2）拨"120"请注意

① 简要说明伤员的大致伤情（如神志是否清醒，有无出血等），包括伤员的一般情况如年龄、性别等，以便医护人员做好相应的准备。

② 详细地说明伤员所在的位置，最好提供附近比较醒目的标志物，避免走错路延误抢救时间。

③ 提供联系方式或伤员身边的固定电话等，并保持联络。

④ 若是意外灾难性事故，如交通事故、火灾、溺水、触电、中毒等，要说明伤害的性质以及需要救助的人数等情况。

（3）拨"110"请注意

① 拨通"110"电话后，首先进行确认，然后说清楚灾害事故或求助的确切地址。

② 简要说明情况。如果是求助，请说清楚求助的原因；如果是灾害事故，请说清灾害事故的性质、范围和损害等情况。

③ 说清自己的姓名和联系电话，以便公安机关与你保持联系。

 任务实施

1. 实验室发生盐酸泄漏，学生在实验室要进行上报及处理。请每组学员利用实训室的设备编一个情景剧。

2. 按下表进行任务评估。

个人评估	
小组评估	
教师评估	

3. 学生根据任务实施情况提出改进意见。
4. 教师结合学生提出的改进意见共同完善任务。

任务二 现场急救技术

2013年7月，甘肃某化工有限责任公司硫化碱车间烘干工段主任刘某带领4名操作人员在硫化碱车间烘干工段上夜班。22时35分左右，刘某安排2名操作人员清理提升机地坑废料炉渣，22时40分左右，1名操作人员在进入地坑内清扫后晕倒在内，刘某及车间的管理人员等人进行施救的过程中，先后有8人中毒昏迷，经抢救，4人死亡。经分析，本次事故的直接原因是烘干机运行中引风机变频器跳闸，引风量不足，烘干机内煤粉燃烧不充分，致使炉内产生一氧化碳等有毒有害气体，又无法排出，进而随炉头罗茨风机提供的压力通过提升机机壳倒流入负一层检修地坑，致使地坑内一氧化碳等有毒有害气体浓度过高，操作人员在无任何防护措施的条件下违章作业而中毒。另外，地坑未设置有毒气体报警仪及中毒急救设施，施救人员缺乏安全意识，盲目救援，造成事故扩大。

事故警示：用人单位要遵守《中华人民共和国职业病防治法》（后文简称《职业病防治法》），重视劳动者健康权益，职业卫生管理制度落实到位，企业员工要有健康权益意识和自我保护意识，在处理应急状况时能做到急而不乱，准确的进行现场救援。

1. 了解现场急救注意事项。
2. 学习现场急救的技术。

知识准备

一、现场急救要点

1. 迅速判断事故现场的基本情况

在意外伤害、突发事件的现场，面对危重病人，作为"第一目击者"首先要评估现场情况，通过实地感受、眼睛观察、耳朵听声、鼻子闻味来对异常情况做出初步的快速判断。

（1）现场巡视

① 注意现场是否有人员伤亡情况。
② 找出引起伤害的原因，确认受伤人数，并检查是否有生命危险。
③ 判断现场可利用的人力和物力资源以及需要何种支援，应采取的救护行动等。

127

④ 必须在数秒内完成。

(2) 判断病情　现场巡视后，针对复杂现场，需首先处理威胁生命的情况，检查病人的意识、气道、呼吸、循环体征、瞳孔反应等，发现异常，须立即救护并及时呼救"120"或尽快护送到附近急救的医疗部门。

2. 呼救

① 向附近人群高声求救。

② 拨打"120"急救电话。注意：不要先放下话筒，要等救援医疗服务系统调度人员先挂断电话。急救部门根据呼救电话的内容，应迅速派出急救力量，及时赶到现场。

3. 排除事故现场潜在危险

事故现场的潜在危险视具体事故现场而定，潜在的风险可能有：火灾、坍塌、触电、中毒、溺水、机械伤害等。帮助受困人员脱离险境时必须注意自身安全。

4. 伤情检查

伤情检查时要有整体观，切勿被局部伤口迷惑，首先要查出危及生命和可能致残的危重伤员。

(1) 生命体征　判断伤员的意识、脉搏、呼吸。

(2) 出血情况　伤口大量出血是伤情加重或致死的重要原因，现场应尽快发现大出血的部位。若伤员有面色苍白、脉搏快而弱、四肢冰凉等大出血现象，却没有明显的伤口，应警惕为内出血。

(3) 是否骨折　注意伤员是否有骨折的情况。

(4) 皮肤及软组织损伤　皮肤表面出现淤血、血肿等。

二、现场急救的常用方法

1. 心肺复苏术

心肺复苏术是挽救心跳呼吸骤停伤员或患者的急救技术，分为两部分：一是人工呼吸，二是胸外心脏按压，两者结合有节奏地交替重复进行。

抢救伤员时其体位应是水平仰卧位，即伤员平卧，头、颈、躯干不扭曲，两上肢放在躯干旁边，抢救者应跪在伤员肩部上侧，这样就不需要移动膝部即可依次进行人工呼吸和胸外心脏按压。

(1) 人工呼吸　若伤员无呼吸时，必须进行人工呼吸。

① 维持伤员气道畅通。用一只手掌根部置于伤员前额使头后仰，另一只手的食指和中指置其下颌处，抬起下颌。

② 用压前颌的那只手的拇指、食指捏紧伤员的鼻孔，另一只手托下颌。

③ 抢救者深吸一口气，用口紧贴并包住伤员口部用力吹气，使其胸廓扩张。

④ 如果伤员的牙关紧闭或口腔严重受伤，可用一只手使伤员的口紧闭，做口对鼻人工呼吸。

⑤ 用力吹气并观察伤员胸部有无起伏，确认人工呼吸是否有效。

⑥ 一次吹气完毕后，抢救者与伤员的口部脱开，并吸气准备第二次吹气。吹气频率一般为15次/分钟。

(2) 胸外心脏按压　若伤员无脉搏，在进行人工呼吸的同时进行胸外心脏按压。

① 正确的按压部位是胸骨下切迹上三横指的上方。

② 将一只手掌根重叠在另一只手上并放在按压点上,双手手指交叉或伸直,但不接触胸壁,然后平稳地、有规律地按压。

③ 单人抢救时,以每分钟按压胸部 80 次为宜。吹气和按压同进行时,可按压 15 次,吹气 2 次。

2. 止血

将伤口冲洗干净后,在伤口处包上干净的布(或干净的手绢),紧紧压住。

(1)止血点压迫法

① 上臂动脉:用四根手指掐住上臂的肌肉并压向臂骨。

② 大腿动脉:用手掌根部压住大腿中央稍微偏上一点的内侧。

③ 桡动脉:用 3 个手指压住靠近大拇指根部的地方。

将伤口抬至高于心脏的位置。

(2)止血带法　对于四肢大出血时,就必须采用止血带止血法。

① 橡皮带止血:用弹性好的橡皮管或橡皮带,上肢可扎在上臂上部 1/3 处,下肢扎于大腿的中部。

② 布料止血带止血:在没有橡皮止血带的紧急情况下,用三角巾、腰带、布条等环绕肢体打一活结,在结下放一短棒,旋转短棒使布带绞紧,等出血停止后,拉紧活结固定木棒。

注意:止血带与皮肤间应加一层垫布。扎止血带要松紧适宜,以止住血为宜。止血带的部位要尽可能靠近伤口。严重挤压的肢体或伤口远端肢体严重缺血时,禁止使用止血带。标明绑止血带的时间。大量吐血时:让伤员侧向躺好,解开衣扣和皮带,不要让身体有任何束缚;然后用凉毛巾或冰袋冷敷伤员腹部,保持静卧直到救护车到来。

3. 包扎

伤口是细菌入侵人体的门户,所以受伤后如果没有条件进行清创手术,就必须现场包扎。

(1)三角巾包扎法

① 头顶帽式包扎。包扎时把三角巾底边折叠成两指宽,中间放在前额,顶角拉向后脑,拉紧两底角,经两耳上方绕到头的后枕部,压住顶角,两交叉返回前额打结。

② 面部包扎。将三角巾顶角打一结,在适当位置剪孔(眼、鼻、嘴处)。打结处固定于头顶处,三角巾罩于面部,剪孔处正好露出眼、鼻、嘴。再将三角巾左右两角拉到颈后交叉再绕到前面打结。

③ 胸部和背部包扎。如右胸受伤,把三角巾的顶角放在右肩上,把左右底角拉到背后,在右面打结,然后再把右角拉到右肩上与顶角打结。如伤在左胸,把顶角放在左肩上,包扎过程同上。

④ 腰部包扎。如有内脏脱出,先在脱出处放一块干净纱布,再在纱布上扣一个大小适宜的碗,三角巾顶角放在两大腿中间,两底角拉到背后在背部打结,然后再从两大腿中间向后拉紧顶角,打结固定。

⑤ 手足部包扎。包扎时将手指或脚趾放在三角巾顶角部位,提起顶角向上折在手背或足背上面,然后把左右底角拉起在手背或足背上交叉缠上几圈再向上拉到手腕或足腕的

左右两面缠绕打结。

⑥ 膝肘部包扎。包扎时根据伤情,把三角巾折成适当宽度的带状,然后把它的中段斜放在膝或肘的伤处,两端拉向膝或肘后交叉,再缠绕到膝或肘前外侧打结固定。

(2) 绷带包扎法

① 环形包扎法:将绷带缠成环形的重叠状在腹部、脖颈等处包扎。

② 螺旋形包扎法:绷带绕受伤部位螺旋包扎。

③ "8"字形绷带包扎法:适用于手和关节伤口的包扎。包扎时一圈向上,一圈向下,成"8"字形来回包扎,每圈在中间和前圈相交,与前圈重叠或盖压一半。

4. 固定

对于骨折、关节严重损伤、肢体挤压和大面积软组织损伤的伤员,应采取临时固定的方法,减少并发症,方便转运。

(1) 固定材料　木制夹板、充气夹板、钢丝夹板、可塑性夹板、其他制品。

(2) 固定方法

① 脊柱骨折固定法:使伤员平直仰卧在硬质木板或其他板上,然后用几条带子把伤员固定,使伤员不能左右转动。

② 上肢骨折固定法:取屈肘位,与直角夹板绑好后用带子悬吊于颈部,维持肘关节弯曲至90°。

③ 下肢骨折固定法:取伸直位,与直木板固定。

注意:选择固定材料应长短、宽窄适宜,固定骨折处上下两个关节,避免受伤部位的移动。

5. 搬运

(1) 搬运原则

① 现场救护后,要根据伤员的伤情轻重分别采取搀扶、背运、双人搬运等措施。

② 疑有脊柱、骨盆、双下肢骨折时不能让伤员站立。

③ 疑有肋骨骨折的伤员不能采取背运的方法。

④ 伤势较重,有昏迷、内脏损伤、脊柱、骨盆骨折、双下肢骨折的伤员应采取担架搬运方法。

⑤ 现场如无担架,可制作简易担架,并注意禁忌事项。

(2) 搬运方法

① 单人搬运法:将双臂从伤员身后插入腋下,紧握住伤员的一只手臂,尽量平稳地搬运。

② 多人平托法:几个人分别托住伤员颈、胸、腰、腿部,一起搬运。

③ 担架搬运法:把伤员移至担架上,头部向后,足部向前。抬担架行走时,两人速度要相同,平稳前进。向高处抬时,担架前面的人手要放低,要弯着腿走,担架后面的人要抬在肩上,勿使担架两头高低相差太大,向低处抬时则相反。担架的两旁都要有人看护,防止伤员翻落,伤员头部应始终向上。

④ 其他搬运法:用折叠椅、毯子、木板等代替担架进行搬运。

注意:尽量多人搬运。搬运时观察伤员呼吸和脸色的变化。如果是脊椎骨折,不要弯曲、扭动伤员的颈部和身体。不要接触伤员的伤口,要使伤员身体放松。尽量将伤员放到担架或平板上进行搬运。

任务实施

1. 某化工厂操作车间，小王在操作时被旋转的螺杆打到，中指受伤，鲜血喷出，请用情景剧模拟该案例进行现场外伤急救操作。注意分析伤情，确定止血方法，然后根据止血方法选择外伤处理所需的工具。2人一组，一人扮演伤员，另一人进行止血操作，然后2人角色交换再次完成任务。

2. 按下表进行任务评估。

个人评估	
小组评估	
教师评估	

3. 学生根据任务实施情况提出改进意见。
4. 教师结合学生提出的改进意见共同完善任务。

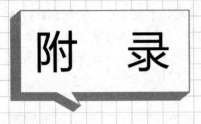

附录一　劳动者与用人单位在职业病防治中的相关常识

劳动者，为企业创造价值，为社会做出贡献，依法保护自身健康权益是每一个劳动者的权利。尤其是从事有职业病危害因素的相关工作的劳动者，更应该清楚用人单位在职业病防治中应承担的责任。身为劳动者的你，看看以下知识了解多少呢？

01 劳动者、用人单位在签订劳务合同时要注意哪些问题？

劳动合同是劳动者与用人单位确立劳动关系、明确双方权利和义务的协议。订立和变更劳动合同，应当遵循平等自愿、协商一致的原则，不得违反法律、行政法规的规定。

按照《职业病防治法》第三十三条规定，用人单位应当将工作过程中可能产生的职业病危害及其后果、职业病防护措施和待遇等如实告知劳动者，并在劳动合同中写明，不得隐瞒或欺骗。因工作岗位或者工作内容变更，从事与所订立劳动合同中未告知的存在职业病危害的作业时，用人单位应当向劳动者履行如实告知的义务，并协商变更原劳动合同相关条款。否则用人单位要承担法律责任。

02 劳动者离开用人单位时应注意的问题？

《职业病防治法》第三十五条规定，对从事接触职业病危害作业的劳动者，用人单位对未进行离岗前职业健康检查的劳动者不得解除或者终止与其订立的劳动合同。第三十六条规定，劳动者离开用人单位时，有权索取本人职业健康监护档案复印件，用人单位应当如实、无偿提供，并在所提供的复印件上签章。为劳动者离开企业后，一旦患有职业病须进行健康损害鉴定、追究健康损害责任时提供了证据保证。

03 劳动者有权知道工作场所职业病危害因素的浓度吗?

王某在一家汽车修理厂做喷漆工已四年多,很想知道自己从事的工作有没有职业病危害、危害程度如何。他有这个权利吗?答案:有。

《职业病防治法》第二十六条规定"用人单位应当按照国务院卫生行政部门规定,定期对工作场所进行职业病危害因素检测、评价。检测、评价结果存入用人单位职业卫生档案,定期向所在地卫生行政部门报告并向劳动者公布"。

04 用人单位应如何保护劳动者的健康?

《职业病防治法》第二十二条规定,用人单位必须采用有效的职业病防护设施,并为劳动者提供个人使用的职业病防护用品。用人单位为劳动者个人提供的职业病防护用品必须符合防治职业病的要求;不符合要求的,不得使用。

个人使用的职业病防护用品是指劳动者在职业活动个人随身穿(佩)戴的特殊用品。如防护帽、防护服、防护手套,防护眼镜、防护口(面)罩、防护耳罩(塞)、呼吸防护器和皮肤防护用品等。不符合要求的不得使用、劳动者要正确使用好企业发给职工的各种个人防护用品,不能随意不佩戴或不使用,只有企业和劳动者双方配合,才能够真正预防工作场所职业病危害因素对劳动者健康的损害。

05 劳动者发现用人单位违反《职业病防治法》的行为如何举报投诉?

《职业病防治法》第十三条规定,任何单位和个人有权对违反《职业病防治法》的行为进行检举和控告。劳动者可向当地县级以上人民政府卫生行政部门投诉举报。

06 怀疑自己得了职业病,到哪里去诊断?

劳动者怀疑自己得了职业病,首先应该到可以开展职业病诊断的医疗卫生机构去看病。如首都医科大学附属北京朝阳医院、北京大学第三医院的职业病科等。

诊断后,劳动者要详细阅读职业病诊断书内容,特别注意职业病诊断要有参与诊断的医师签名,还要加盖医院的职业病诊断专用章。劳动者也可以在用人单位所在地、本人户籍所在地或者经常居住地依法承担职业病诊断的医疗卫生机构进行职业病诊断。

07 确诊职业病后能享受哪些职业病待遇?

可享受12项职业病待遇:

一、医疗费;

二、住院伙食补助费;

三、康复费;

四、残疾用具费;

五、停工留薪期间待遇;

六、生活护理补助费;

七、一次性伤残补助金;

八、伤残津贴;

九、死亡补助金;

十、丧葬补助金;

十一、供养亲属抚恤金;

十二、国家规定的其他工伤保险待遇。

附录二 中华人民共和国安全生产法

(2021年6月10日修正版)

目 录

第一章 总则
第二章 生产经营单位的安全生产保障
第三章 从业人员的安全生产权利义务
第四章 安全生产的监督管理
第五章 生产安全事故的应急救援与调查处理
第六章 法律责任
第七章 附则

第一章 总 则

第一条 为了加强安全生产工作,防止和减少生产安全事故,保障人民群众生命和财产安全,促进经济社会持续健康发展,制定本法。

第二条 在中华人民共和国领域内从事生产经营活动的单位(以下统称生产经营单位)的安全生产,适用本法;有关法律、行政法规对消防安全和道路交通安全、铁路交通安全、水上交通安全、民用航空安全以及核与辐射安全、特种设备安全另有规定的,适用其规定。

第三条 安全生产工作坚持中国共产党的领导。

安全生产工作应当以人为本,坚持人民至上、生命至上,把保护人民生命安全摆在首位,树牢安全发展理念,坚持安全第一、预防为主、综合治理的方针,从源头上防范化解重大安全风险。

安全生产工作实行管行业必须管安全、管业务必须管安全、管生产经营必须管安全,强化和落实生产经营单位主体责任与政府监管责任,建立生产经营单位负责、职工参与、政府监管、行业自律和社会监督的机制。

第四条 生产经营单位必须遵守本法和其他有关安全生产的法律、法规,加强安全生产管理,建立健全全员安全生产责任制和安全生产规章制度,加大对安全生产资金、物资、技术、人员的投入保障力度,改善安全生产条件,加强安全生产标准化、信息化建设,构建安全风险分级管控和隐患排查治理双重预防机制,健全风险防范化解机制,提高安全生产水平,确保安全生产。

平台经济等新兴行业、领域的生产经营单位应当根据本行业、领域的特点,建立健全并落实全员安全生产责任制,加强从业人员安全生产教育和培训,履行本法和其他法律、法规规定的有关安全生产义务。

第五条 生产经营单位的主要负责人是本单位安全生产第一责任人,对本单位的安全生产工作全面负责。其他负责人对职责范围内的安全生产工作负责。

第六条 生产经营单位的从业人员有依法获得安全生产保障的权利,并应当依法履行安全生产方面的义务。

第七条 工会依法对安全生产工作进行监督。

生产经营单位的工会依法组织职工参加本单位安全生产工作的民主管理和民主监督,维护职工在安全生产方面的合法权益。生产经营单位制定或者修改有关安全生产的规章制度,应当听取工会的意见。

第八条 国务院和县级以上地方各级人民政府应当根据国民经济和社会发展规划制定安全生产规划,并组织实施。安全生产规划应当与国土空间规划等相关规划相衔接。

各级人民政府应当加强安全生产基础设施建设和安全生产监管能力建设,所需经费列入本级预算。

县级以上地方各级人民政府应当组织有关部门建立完善安全风险评估与论证机制,按照安全风险管控要求,进行产业规划和空间布局,并对位置相邻、行业相近、业态相似的生产经营单位实施重大安全风险联防联控。

第九条 国务院和县级以上地方各级人民政府应当加强对安全生产工作的领导,建立健全安全生产工作协调机制,支持、督促各有关部门依法履行安全生产监督管理职责,及时协调、解决安全生产监督管理中存在的重大问题。

乡镇人民政府和街道办事处,以及开发区、工业园区、港区、风景区等应当明确负责安全生产监督管理的有关工作机构及其职责,加强安全生产监管力量建设,按照职责对本行政区域或者管理区域内生产经营单位安全生产状况进行监督检查,协助人民政府有关部门或者按照授权依法履行安全生产监督管理职责。

第十条 国务院应急管理部门依照本法,对全国安全生产工作实施综合监督管理;县级以上地方各级人民政府应急管理部门依照本法,对本行政区域内安全生产工作实施综合监督管理。

国务院交通运输、住房和城乡建设、水利、民航等有关部门依照本法和其他有关法律、行政法规的规定,在各自的职责范围内对有关行业、领域的安全生产工作实施监督管理;县级以上地方各级人民政府有关部门依照本法和其他有关法律、法规的规定,在各自的职责范围内对有关行业、领域的安全生产工作实施监督管理。对新兴行业、领域的安全生产监督管理职责不明确的,由县级以上地方各级人民政府按照业务相近的原则确定监督管理部门。

应急管理部门和对有关行业、领域的安全生产工作实施监督管理的部门,统称负有安全生产监督管理职责的部门。负有安全生产监督管理职责的部门应当相互配合、齐抓共管、信息共享、资源共用,依法加强安全生产监督管理工作。

第十一条 国务院有关部门应当按照保障安全生产的要求,依法及时制定有关的国家标准或者行业标准,并根据科技进步和经济发展适时修订。

生产经营单位必须执行依法制定的保障安全生产的国家标准或者行业标准。

第十二条 国务院有关部门按照职责分工负责安全生产强制性国家标准的项目提出、组织起草、征求意见、技术审查。国务院应急管理部门统筹提出安全生产强制性国家标准的立项计划。国务院标准化行政主管部门负责安全生产强制性国家标准的立项、编号、对外通报和授权批准发布工作。国务院标准化行政主管部门、有关部门依据法定职责对安全生产强制性国家标准的实施进行监督检查。

第十三条 各级人民政府及其有关部门应当采取多种形式,加强对有关安全生产的法律、法规和安全生产知识的宣传,增强全社会的安全生产意识。

第十四条 有关协会组织依照法律、行政法规和章程,为生产经营单位提供安全生产方面的信息、培训等服务,发挥自律作用,促进生产经营单位加强安全生产管理。

第十五条 依法设立的为安全生产提供技术、管理服务的机构,依照法律、行政法规和执业准则,接受生产经营单位的委托为其安全生产工作提供技术、管理服务。

生产经营单位委托前款规定的机构提供安全生产技术、管理服务的,保证安全生产的责任仍由本单位负责。

第十六条 国家实行生产安全事故责任追究制度,依照本法和有关法律、法规的规定,追究生产安全事故责任单位和责任人员的法律责任。

第十七条 县级以上各级人民政府应当组织负有安全生产监督管理职责的部门依法编制安全生产权力和责任清单,公开并接受社会监督。

第十八条 国家鼓励和支持安全生产科学技术研究和安全生产先进技术的推广应用,提高安全生产水平。

第十九条 国家对在改善安全生产条件、防止生产安全事故、参加抢险救护等方面取得显著成绩的单位和个人,给予奖励。

第二章 生产经营单位的安全生产保障

第二十条 生产经营单位应当具备本法和有关法律、行政法规和国家标准或者行业标准规定的安全生产条件;不具备安全生产条件的,不得从事生产经营活动。

第二十一条 生产经营单位的主要负责人对本单位安全生产工作负有下列职责:

(一)建立健全并落实本单位全员安全生产责任制,加强安全生产标准化建设;

(二)组织制定并实施本单位安全生产规章制度和操作规程;

(三)组织制定并实施本单位安全生产教育和培训计划;

(四)保证本单位安全生产投入的有效实施;

(五)组织建立并落实安全风险分级管控和隐患排查治理双重预防工作机制,督促、检查本单位的安全生产工作,及时消除生产安全事故隐患;

(六)组织制定并实施本单位的生产安全事故应急救援预案;

(七)及时、如实报告生产安全事故。

第二十二条 生产经营单位的全员安全生产责任制应当明确各岗位的责任人员、责任范围和考核标准等内容。

生产经营单位应当建立相应的机制,加强对全员安全生产责任制落实情况的监督考核,保证全员安全生产责任制的落实。

第二十三条 生产经营单位应当具备的安全生产条件所必需的资金投入,由生产经营单位的决策机构、主要负责人或者个人经营的投资人予以保证,并对由于安全生产所必需的资金投入不足导致的后果承担责任。

有关生产经营单位应当按照规定提取和使用安全生产费用,专门用于改善安全生产条件。安全生产费用在成本中据实列支。安全生产费用提取、使用和监督管理的具体办法由国务院财政部门会同国务院应急管理部门征求国务院有关部门意见后制定。

第二十四条　矿山、金属冶炼、建筑施工、运输单位和危险物品的生产、经营、储存、装卸单位，应当设置安全生产管理机构或者配备专职安全生产管理人员。

前款规定以外的其他生产经营单位，从业人员超过一百人的，应当设置安全生产管理机构或者配备专职安全生产管理人员；从业人员在一百人以下的，应当配备专职或者兼职的安全生产管理人员。

第二十五条　生产经营单位的安全生产管理机构以及安全生产管理人员履行下列职责：

（一）组织或者参与拟订本单位安全生产规章制度、操作规程和生产安全事故应急救援预案；

（二）组织或者参与本单位安全生产教育和培训，如实记录安全生产教育和培训情况；

（三）组织开展危险源辨识和评估，督促落实本单位重大危险源的安全管理措施；

（四）组织或者参与本单位应急救援演练；

（五）检查本单位的安全生产状况，及时排查生产安全事故隐患，提出改进安全生产管理的建议；

（六）制止和纠正违章指挥、强令冒险作业、违反操作规程的行为；

（七）督促落实本单位安全生产整改措施。

生产经营单位可以设置专职安全生产分管负责人，协助本单位主要负责人履行安全生产管理职责。

第二十六条　生产经营单位的安全生产管理机构以及安全生产管理人员应当恪尽职守，依法履行职责。

生产经营单位作出涉及安全生产的经营决策，应当听取安全生产管理机构以及安全生产管理人员的意见。

生产经营单位不得因安全生产管理人员依法履行职责而降低其工资、福利等待遇或者解除与其订立的劳动合同。

危险物品的生产、储存单位以及矿山、金属冶炼单位的安全生产管理人员的任免，应当告知主管的负有安全生产监督管理职责的部门。

第二十七条　生产经营单位的主要负责人和安全生产管理人员必须具备与本单位所从事的生产经营活动相应的安全生产知识和管理能力。

危险物品的生产、经营、储存、装卸单位以及矿山、金属冶炼、建筑施工、运输单位的主要负责人和安全生产管理人员，应当由主管的负有安全生产监督管理职责的部门对其安全生产知识和管理能力考核合格。考核不得收费。

危险物品的生产、储存、装卸单位以及矿山、金属冶炼单位应当有注册安全工程师从事安全生产管理工作。鼓励其他生产经营单位聘用注册安全工程师从事安全生产管理工作。注册安全工程师按专业分类管理，具体办法由国务院人力资源和社会保障部门、国务院应急管理部门会同国务院有关部门制定。

第二十八条　生产经营单位应当对从业人员进行安全生产教育和培训，保证从业人员具备必要的安全生产知识，熟悉有关的安全生产规章制度和安全操作规程，掌握本岗位的安全操作技能，了解事故应急处理措施，知悉自身在安全生产方面的权利和义务。未经安全生产教育和培训合格的从业人员，不得上岗作业。

生产经营单位使用被派遣劳动者的，应当将被派遣劳动者纳入本单位从业人员统一管理，对被派遣劳动者进行岗位安全操作规程和安全操作技能的教育和培训。劳务派遣单位应当对被派遣劳动者进行必要的安全生产教育和培训。

生产经营单位接收中等职业学校、高等学校学生实习的，应当对实习学生进行相应的安全生产教育和培训，提供必要的劳动防护用品。学校应当协助生产经营单位对实习学生进行安全生产教育和培训。

生产经营单位应当建立安全生产教育和培训档案，如实记录安全生产教育和培训的时间、内容、参加人员以及考核结果等情况。

第二十九条 生产经营单位采用新工艺、新技术、新材料或者使用新设备，必须了解、掌握其安全技术特性，采取有效的安全防护措施，并对从业人员进行专门的安全生产教育和培训。

第三十条 生产经营单位的特种作业人员必须按照国家有关规定经专门的安全作业培训，取得相应资格，方可上岗作业。

特种作业人员的范围由国务院应急管理部门会同国务院有关部门确定。

第三十一条 生产经营单位新建、改建、扩建工程项目（以下统称建设项目）的安全设施，必须与主体工程同时设计、同时施工、同时投入生产和使用。安全设施投资应当纳入建设项目概算。

第三十二条 矿山、金属冶炼建设项目和用于生产、储存、装卸危险物品的建设项目，应当按照国家有关规定进行安全评价。

第三十三条 建设项目安全设施的设计人、设计单位应当对安全设施设计负责。

矿山、金属冶炼建设项目和用于生产、储存、装卸危险物品的建设项目的安全设施设计应当按照国家有关规定报经有关部门审查，审查部门及其负责审查的人员对审查结果负责。

第三十四条 矿山、金属冶炼建设项目和用于生产、储存、装卸危险物品的建设项目的施工单位必须按照批准的安全设施设计施工，并对安全设施的工程质量负责。

矿山、金属冶炼建设项目和用于生产、储存、装卸危险物品的建设项目竣工投入生产或者使用前，应当由建设单位负责组织对安全设施进行验收；验收合格后，方可投入生产和使用。负有安全生产监督管理职责的部门应当加强对建设单位验收活动和验收结果的监督核查。

第三十五条 生产经营单位应当在有较大危险因素的生产经营场所和有关设施、设备上，设置明显的安全警示标志。

第三十六条 安全设备的设计、制造、安装、使用、检测、维修、改造和报废，应当符合国家标准或者行业标准。

生产经营单位必须对安全设备进行经常性维护、保养，并定期检测，保证正常运转。维护、保养、检测应当作好记录，并由有关人员签字。

生产经营单位不得关闭、破坏直接关系生产安全的监控、报警、防护、救生设备、设施，或者篡改、隐瞒、销毁其相关数据、信息。

餐饮等行业的生产经营单位使用燃气的,应当安装可燃气体报警装置,并保障其正常使用。

第三十七条 生产经营单位使用的危险物品的容器、运输工具,以及涉及人身安全、危险性较大的海洋石油开采特种设备和矿山井下特种设备,必须按照国家有关规定,由专业生产单位生产,并经具有专业资质的检测、检验机构检测、检验合格,取得安全使用证或者安全标志,方可投入使用。检测、检验机构对检测、检验结果负责。

第三十八条 国家对严重危及生产安全的工艺、设备实行淘汰制度,具体目录由国务院应急管理部门会同国务院有关部门制定并公布。法律、行政法规对目录的制定另有规定的,适用其规定。

省、自治区、直辖市人民政府可以根据本地区实际情况制定并公布具体目录,对前款规定以外的危及生产安全的工艺、设备予以淘汰。

生产经营单位不得使用应当淘汰的危及生产安全的工艺、设备。

第三十九条 生产、经营、运输、储存、使用危险物品或者处置废弃危险物品的,由有关主管部门依照有关法律、法规的规定和国家标准或者行业标准审批并实施监督管理。

生产经营单位生产、经营、运输、储存、使用危险物品或者处置废弃危险物品,必须执行有关法律、法规和国家标准或者行业标准,建立专门的安全管理制度,采取可靠的安全措施,接受有关主管部门依法实施的监督管理。

第四十条 生产经营单位对重大危险源应当登记建档,进行定期检测、评估、监控,并制定应急预案,告知从业人员和相关人员在紧急情况下应当采取的应急措施。

生产经营单位应当按照国家有关规定将本单位重大危险源及有关安全措施、应急措施报有关地方人民政府应急管理部门和有关部门备案。有关地方人民政府应急管理部门和有关部门应当通过相关信息系统实现信息共享。

第四十一条 生产经营单位应当建立安全风险分级管控制度,按照安全风险分级采取相应的管控措施。

生产经营单位应当建立健全并落实生产安全事故隐患排查治理制度,采取技术、管理措施,及时发现并消除事故隐患。事故隐患排查治理情况应当如实记录,并通过职工大会或者职工代表大会、信息公示栏等方式向从业人员通报。其中,重大事故隐患排查治理情况应当及时向负有安全生产监督管理职责的部门和职工大会或者职工代表大会报告。

县级以上地方各级人民政府负有安全生产监督管理职责的部门应当将重大事故隐患纳入相关信息系统,建立健全重大事故隐患治理督办制度,督促生产经营单位消除重大事故隐患。

第四十二条 生产、经营、储存、使用危险物品的车间、商店、仓库不得与员工宿舍在同一座建筑物内,并应当与员工宿舍保持安全距离。

生产经营场所和员工宿舍应当设有符合紧急疏散要求、标志明显、保持畅通的出口、疏散通道。禁止占用、锁闭、封堵生产经营场所或者员工宿舍的出口、疏散通道。

第四十三条 生产经营单位进行爆破、吊装、动火、临时用电以及国务院应急管理部门会同国务院有关部门规定的其他危险作业,应当安排专门人员进行现场安全管理,确保操作规程的遵守和安全措施的落实。

第四十四条 生产经营单位应当教育和督促从业人员严格执行本单位的安全生产规章

制度和安全操作规程；并向从业人员如实告知作业场所和工作岗位存在的危险因素、防范措施以及事故应急措施。

生产经营单位应当关注从业人员的身体、心理状况和行为习惯，加强对从业人员的心理疏导、精神慰藉，严格落实岗位安全生产责任，防范从业人员行为异常导致事故发生。

第四十五条 生产经营单位必须为从业人员提供符合国家标准或者行业标准的劳动防护用品，并监督、教育从业人员按照使用规则佩戴、使用。

第四十六条 生产经营单位的安全生产管理人员应当根据本单位的生产经营特点，对安全生产状况进行经常性检查；对检查中发现的安全问题，应当立即处理；不能处理的，应当及时报告本单位有关负责人，有关负责人应当及时处理。检查及处理情况应当如实记录在案。

生产经营单位的安全生产管理人员在检查中发现重大事故隐患，依照前款规定向本单位有关负责人报告，有关负责人不及时处理的，安全生产管理人员可以向主管的负有安全生产监督管理职责的部门报告，接到报告的部门应当依法及时处理。

第四十七条 生产经营单位应当安排用于配备劳动防护用品、进行安全生产培训的经费。

第四十八条 两个以上生产经营单位在同一作业区域内进行生产经营活动，可能危及对方生产安全的，应当签订安全生产管理协议，明确各自的安全生产管理职责和应当采取的安全措施，并指定专职安全生产管理人员进行安全检查与协调。

第四十九条 生产经营单位不得将生产经营项目、场所、设备发包或者出租给不具备安全生产条件或者相应资质的单位或者个人。

生产经营项目、场所发包或者出租给其他单位的，生产经营单位应当与承包单位、承租单位签订专门的安全生产管理协议，或者在承包合同、租赁合同中约定各自的安全生产管理职责；生产经营单位对承包单位、承租单位的安全生产工作统一协调、管理，定期进行安全检查，发现安全问题的，应当及时督促整改。

矿山、金属冶炼建设项目和用于生产、储存、装卸危险物品的建设项目的施工单位应当加强对施工项目的安全管理，不得倒卖、出租、出借、挂靠或者以其他形式非法转让施工资质，不得将其承包的全部建设工程转包给第三人或者将其承包的全部建设工程支解以后以分包的名义分别转包给第三人，不得将工程分包给不具备相应资质条件的单位。

第五十条 生产经营单位发生生产安全事故时，单位的主要负责人应当立即组织抢救，并不得在事故调查处理期间擅离职守。

第五十一条 生产经营单位必须依法参加工伤保险，为从业人员缴纳保险费。

国家鼓励生产经营单位投保安全生产责任保险；属于国家规定的高危行业、领域的生产经营单位，应当投保安全生产责任保险。具体范围和实施办法由国务院应急管理部门会同国务院财政部门、国务院保险监督管理机构和相关行业主管部门制定。

第三章 从业人员的安全生产权利义务

第五十二条 生产经营单位与从业人员订立的劳动合同，应当载明有关保障从业人员劳动安全、防止职业危害的事项，以及依法为从业人员办理工伤保险的事项。

生产经营单位不得以任何形式与从业人员订立协议，免除或者减轻其对从业人员因生产安全事故伤亡依法应承担的责任。

第五十三条　生产经营单位的从业人员有权了解其作业场所和工作岗位存在的危险因素、防范措施及事故应急措施，有权对本单位的安全生产工作提出建议。

第五十四条　从业人员有权对本单位安全生产工作中存在的问题提出批评、检举、控告；有权拒绝违章指挥和强令冒险作业。

生产经营单位不得因从业人员对本单位安全生产工作提出批评、检举、控告或者拒绝违章指挥、强令冒险作业而降低其工资、福利等待遇或者解除与其订立的劳动合同。

第五十五条　从业人员发现直接危及人身安全的紧急情况时，有权停止作业或者在采取可能的应急措施后撤离作业场所。

生产经营单位不得因从业人员在前款紧急情况下停止作业或者采取紧急撤离措施而降低其工资、福利等待遇或者解除与其订立的劳动合同。

第五十六条　生产经营单位发生生产安全事故后，应当及时采取措施救治有关人员。

因生产安全事故受到损害的从业人员，除依法享有工伤保险外，依照有关民事法律尚有获得赔偿的权利的，有权提出赔偿要求。

第五十七条　从业人员在作业过程中，应当严格落实岗位安全责任，遵守本单位的安全生产规章制度和操作规程，服从管理，正确佩戴和使用劳动防护用品。

第五十八条　从业人员应当接受安全生产教育和培训，掌握本职工作所需的安全生产知识，提高安全生产技能，增强事故预防和应急处理能力。

第五十九条　从业人员发现事故隐患或者其他不安全因素，应当立即向现场安全生产管理人员或者本单位负责人报告；接到报告的人员应当及时予以处理。

第六十条　工会有权对建设项目的安全设施与主体工程同时设计、同时施工、同时投入生产和使用进行监督，提出意见。

工会对生产经营单位违反安全生产法律、法规，侵犯从业人员合法权益的行为，有权要求纠正；发现生产经营单位违章指挥、强令冒险作业或者发现事故隐患时，有权提出解决的建议，生产经营单位应当及时研究答复；发现危及从业人员生命安全的情况时，有权向生产经营单位建议组织从业人员撤离危险场所，生产经营单位必须立即作出处理。

工会有权依法参加事故调查，向有关部门提出处理意见，并要求追究有关人员的责任。

第六十一条　生产经营单位使用被派遣劳动者的，被派遣劳动者享有本法规定的从业人员的权利，并应当履行本法规定的从业人员的义务。

第四章　安全生产的监督管理

第六十二条　县级以上地方各级人民政府应当根据本行政区域内的安全生产状况，组织有关部门按照职责分工，对本行政区域内容易发生重大生产安全事故的生产经营单位进行严格检查。

应急管理部门应当按照分类分级监督管理的要求，制定安全生产年度监督检查计划，并按照年度监督检查计划进行监督检查，发现事故隐患，应当及时处理。

第六十三条　负有安全生产监督管理职责的部门依照有关法律、法规的规定，对涉及安全生产的事项需要审查批准（包括批准、核准、许可、注册、认证、颁发证照等，下同）或者验收的，必须严格依照有关法律、法规和国家标准或者行业标准规定的安全生产条件和程序进行审查；不符合有关法律、法规和国家标准或者行业标准规定的安全生产条件的，不得批准或者验收通过。对未依法取得批准或者验收合格的单位擅自从事有关活动的，负责行政审批的部门发现或者接到举报后应当立即予以取缔，并依法予以处理。对已经依法取得批准的单位，负责行政审批的部门发现其不再具备安全生产条件的，应当撤销原批准。

第六十四条 负有安全生产监督管理职责的部门对涉及安全生产的事项进行审查、验收，不得收取费用；不得要求接受审查、验收的单位购买其指定品牌或者指定生产、销售单位的安全设备、器材或者其他产品。

第六十五条 应急管理部门和其他负有安全生产监督管理职责的部门依法开展安全生产行政执法工作，对生产经营单位执行有关安全生产的法律、法规和国家标准或者行业标准的情况进行监督检查，行使以下职权：

（一）进入生产经营单位进行检查，调阅有关资料，向有关单位和人员了解情况；

（二）对检查中发现的安全生产违法行为，当场予以纠正或者要求限期改正；对依法应当给予行政处罚的行为，依照本法和其他有关法律、行政法规的规定作出行政处罚决定；

（三）对检查中发现的事故隐患，应当责令立即排除；重大事故隐患排除前或者排除过程中无法保证安全的，应当责令从危险区域内撤出作业人员，责令暂时停产停业或者停止使用相关设施、设备；重大事故隐患排除后，经审查同意，方可恢复生产经营和使用；

（四）对有根据认为不符合保障安全生产的国家标准或者行业标准的设施、设备、器材以及违法生产、储存、使用、经营、运输的危险物品予以查封或者扣押，对违法生产、储存、使用、经营危险物品的作业场所予以查封，并依法作出处理决定。

监督检查不得影响被检查单位的正常生产经营活动。

第六十六条 生产经营单位对负有安全生产监督管理职责的部门的监督检查人员（以下统称安全生产监督检查人员）依法履行监督检查职责，应当予以配合，不得拒绝、阻挠。

第六十七条 安全生产监督检查人员应当忠于职守，坚持原则，秉公执法。

安全生产监督检查人员执行监督检查任务时，必须出示有效的行政执法证件；对涉及被检查单位的技术秘密和业务秘密，应当为其保密。

第六十八条 安全生产监督检查人员应当将检查的时间、地点、内容、发现的问题及其处理情况，作出书面记录，并由检查人员和被检查单位的负责人签字；被检查单位的负责人拒绝签字的，检查人员应当将情况记录在案，并向负有安全生产监督管理职责的部门报告。

第六十九条 负有安全生产监督管理职责的部门在监督检查中，应当互相配合，实行联合检查；确需分别进行检查的，应当互通情况，发现存在的安全问题应当由其他有关部门进行处理的，应当及时移送其他有关部门并形成记录备查，接受移送的部门应当及时进行处理。

第七十条 负有安全生产监督管理职责的部门依法对存在重大事故隐患的生产经营单位作出停产停业、停止施工、停止使用相关设施或者设备的决定，生产经营单位应当依法执行，及时消除事故隐患。生产经营单位拒不执行，有发生生产安全事故的现实危险的，在保证安全的前提下，经本部门主要负责人批准，负有安全生产监督管理职责的部门可以采取通知有关单位停止供电、停止供应民用爆炸物品等措施，强制生产经营单位履行决定。通知应当采用书面形式，有关单位应当予以配合。

负有安全生产监督管理职责的部门依照前款规定采取停止供电措施，除有危及生产安全的紧急情形外，应当提前二十四小时通知生产经营单位。生产经营单位依法履行行政决定、采取相应措施消除事故隐患的，负有安全生产监督管理职责的部门应当及时解除前款规定的措施。

第七十一条 监察机关依照监察法的规定，对负有安全生产监督管理职责的部门及其工作人员履行安全生产监督管理职责实施监察。

第七十二条 承担安全评价、认证、检测、检验职责的机构应当具备国家规定的资质条件，并对其作出的安全评价、认证、检测、检验结果的合法性、真实性负责。资质条件由国务院应急管理部门会同国务院有关部门制定。

承担安全评价、认证、检测、检验职责的机构应当建立并实施服务公开和报告公开制度，不得租借资质、挂靠、出具虚假报告。

第七十三条 负有安全生产监督管理职责的部门应当建立举报制度，公开举报电话、信箱或者电子邮件地址等网络举报平台，受理有关安全生产的举报；受理的举报事项经调查核实后，应当形成书面材料；需要落实整改措施的，报经有关负责人签字并督促落实。对不属于本部门职责，需要由其他有关部门进行调查处理的，转交其他有关部门处理。

涉及人员死亡的举报事项，应当由县级以上人民政府组织核查处理。

第七十四条 任何单位或者个人对事故隐患或者安全生产违法行为，均有权向负有安全生产监督管理职责的部门报告或者举报。

因安全生产违法行为造成重大事故隐患或者导致重大事故，致使国家利益或者社会公共利益受到侵害的，人民检察院可以根据民事诉讼法、行政诉讼法的相关规定提起公益诉讼。

第七十五条 居民委员会、村民委员会发现其所在区域内的生产经营单位存在事故隐患或者安全生产违法行为时，应当向当地人民政府或者有关部门报告。

第七十六条 县级以上各级人民政府及其有关部门对报告重大事故隐患或者举报安全生产违法行为的有功人员，给予奖励。具体奖励办法由国务院应急管理部门会同国务院财政部门制定。

第七十七条 新闻、出版、广播、电影、电视等单位有进行安全生产公益宣传教育的义务，有对违反安全生产法律、法规的行为进行舆论监督的权利。

第七十八条 负有安全生产监督管理职责的部门应当建立安全生产违法行为信息库，如实记录生产经营单位及其有关从业人员的安全生产违法行为信息；对违法行为情节严重的生产经营单位及其有关从业人员，应当及时向社会公告，并通报行业主管部门、投资主管部门、自然资源主管部门、生态环境主管部门、证券监督管理机构以及有关金融机构。有关部门和机构应当对存在失信行为的生产经营单位及其有关从业人员采取加大执法检查频次、暂停项目审批、上调有关保险费率、行业或者职业禁入等联合惩戒措施，并向社会公示。

负有安全生产监督管理职责的部门应当加强对生产经营单位行政处罚信息的及时归集、共享、应用和公开,对生产经营单位作出处罚决定后七个工作日内在监督管理部门公示系统予以公开曝光,强化对违法失信生产经营单位及其有关从业人员的社会监督,提高全社会安全生产诚信水平。

第五章 生产安全事故的应急救援与调查处理

第七十九条 国家加强生产安全事故应急能力建设,在重点行业、领域建立应急救援基地和应急救援队伍,并由国家安全生产应急救援机构统一协调指挥;鼓励生产经营单位和其他社会力量建立应急救援队伍,配备相应的应急救援装备和物资,提高应急救援的专业化水平。

国务院应急管理部门牵头建立全国统一的生产安全事故应急救援信息系统,国务院交通运输、住房和城乡建设、水利、民航等有关部门和县级以上地方人民政府建立健全相关行业、领域、地区的生产安全事故应急救援信息系统,实现互联互通、信息共享,通过推行网上安全信息采集、安全监管和监测预警,提升监管的精准化、智能化水平。

第八十条 县级以上地方各级人民政府应当组织有关部门制定本行政区域内生产安全事故应急救援预案,建立应急救援体系。

乡镇人民政府和街道办事处,以及开发区、工业园区、港区、风景区等应当制定相应的生产安全事故应急救援预案,协助人民政府有关部门或者按照授权依法履行生产安全事故应急救援工作职责。

第八十一条 生产经营单位应当制定本单位生产安全事故应急救援预案,与所在地县级以上地方人民政府组织制定的生产安全事故应急救援预案相衔接,并定期组织演练。

第八十二条 危险物品的生产、经营、储存单位以及矿山、金属冶炼、城市轨道交通运营、建筑施工单位应当建立应急救援组织;生产经营规模较小的,可以不建立应急救援组织,但应当指定兼职的应急救援人员。

危险物品的生产、经营、储存、运输单位以及矿山、金属冶炼、城市轨道交通运营、建筑施工单位应当配备必要的应急救援器材、设备和物资,并进行经常性维护、保养,保证正常运转。

第八十三条 生产经营单位发生生产安全事故后,事故现场有关人员应当立即报告本单位负责人。

单位负责人接到事故报告后,应当迅速采取有效措施,组织抢救,防止事故扩大,减少人员伤亡和财产损失,并按照国家有关规定立即如实报告当地负有安全生产监督管理职责的部门,不得隐瞒不报、谎报或者迟报,不得故意破坏事故现场、毁灭有关证据。

第八十四条 负有安全生产监督管理职责的部门接到事故报告后,应当立即按照国家有关规定上报事故情况。负有安全生产监督管理职责的部门和有关地方人民政府对事故情况不得隐瞒不报、谎报或者迟报。

第八十五条 有关地方人民政府和负有安全生产监督管理职责的部门的负责人接到生产安全事故报告后,应当按照生产安全事故应急救援预案的要求立即赶到事故现场,组织事故抢救。

参与事故抢救的部门和单位应当服从统一指挥,加强协同联动,采取有效的应急救援措施，并根据事故救援的需要采取警戒、疏散等措施，防止事故扩大和次生灾害的发生，减少人员伤亡和财产损失。

事故抢救过程中应当采取必要措施，避免或者减少对环境造成的危害。

任何单位和个人都应当支持、配合事故抢救，并提供一切便利条件。

第八十六条　事故调查处理应当按照科学严谨、依法依规、实事求是、注重实效的原则，及时、准确地查清事故原因，查明事故性质和责任，评估应急处置工作，总结事故教训，提出整改措施，并对事故责任单位和人员提出处理建议。事故调查报告应当依法及时向社会公布。事故调查和处理的具体办法由国务院制定。

事故发生单位应当及时全面落实整改措施，负有安全生产监督管理职责的部门应当加强监督检查。

负责事故调查处理的国务院有关部门和地方人民政府应当在批复事故调查报告后一年内，组织有关部门对事故整改和防范措施落实情况进行评估，并及时向社会公开评估结果；对不履行职责导致事故整改和防范措施没有落实的有关单位和人员，应当按照有关规定追究责任。

第八十七条　生产经营单位发生生产安全事故，经调查确定为责任事故的，除了应当查明事故单位的责任并依法予以追究外，还应当查明对安全生产的有关事项负有审查批准和监督职责的行政部门的责任，对有失职、渎职行为的，依照本法第九十条的规定追究法律责任。

第八十八条　任何单位和个人不得阻挠和干涉对事故的依法调查处理。

第八十九条　县级以上地方各级人民政府应急管理部门应当定期统计分析本行政区域内发生生产安全事故的情况，并定期向社会公布。

第六章　法律责任

第九十条　负有安全生产监督管理职责的部门的工作人员，有下列行为之一的，给予降级或者撤职的处分；构成犯罪的，依照刑法有关规定追究刑事责任：

（一）对不符合法定安全生产条件的涉及安全生产的事项予以批准或者验收通过的；

（二）发现未依法取得批准、验收的单位擅自从事有关活动或者接到举报后不予取缔或者不依法予以处理的；

（三）对已经依法取得批准的单位不履行监督管理职责，发现其不再具备安全生产条件而不撤销原批准或者发现安全生产违法行为不予查处的；

（四）在监督检查中发现重大事故隐患，不依法及时处理的。

负有安全生产监督管理职责的部门的工作人员有前款规定以外的滥用职权、玩忽职守、徇私舞弊行为的，依法给予处分；构成犯罪的，依照刑法有关规定追究刑事责任。

第九十一条　负有安全生产监督管理职责的部门，要求被审查、验收的单位购买其指定的安全设备、器材或者其他产品的，在对安全生产事项的审查、验收中收取费用的，由其上级机关或者监察机关责令改正，责令退还收取的费用；情节严重的，对直接负责的主管人员和其他直接责任人员依法给予处分。

第九十二条　承担安全评价、认证、检测、检验职责的机构出具失实报告的，责令停业整顿，并处三万元以上十万元以下的罚款；给他人造成损害的，依法承担赔偿责任。

承担安全评价、认证、检测、检验职责的机构租借资质、挂靠、出具虚假报告的,没收违法所得;违法所得在十万元以上的,并处违法所得二倍以上五倍以下的罚款,没有违法所得或者违法所得不足十万元的,单处或者并处十万元以上二十万元以下的罚款;对其直接负责的主管人员和其他直接责任人员处五万元以上十万元以下的罚款;给他人造成损害的,与生产经营单位承担连带赔偿责任;构成犯罪的,依照刑法有关规定追究刑事责任。

对有前款违法行为的机构及其直接责任人员,吊销其相应资质和资格,五年内不得从事安全评价、认证、检测、检验等工作;情节严重的,实行终身行业和职业禁入。

第九十三条 生产经营单位的决策机构、主要负责人或者个人经营的投资人不依照本法规定保证安全生产所必需的资金投入,致使生产经营单位不具备安全生产条件的,责令限期改正,提供必需的资金;逾期未改正的,责令生产经营单位停产停业整顿。

有前款违法行为,导致发生生产安全事故的,对生产经营单位的主要负责人给予撤职处分,对个人经营的投资人处二万元以上二十万元以下的罚款;构成犯罪的,依照刑法有关规定追究刑事责任。

第九十四条 生产经营单位的主要负责人未履行本法规定的安全生产管理职责的,责令限期改正,处二万元以上五万元以下的罚款;逾期未改正的,处五万元以上十万元以下的罚款,责令生产经营单位停产停业整顿。

生产经营单位的主要负责人有前款违法行为,导致发生生产安全事故的,给予撤职处分;构成犯罪的,依照刑法有关规定追究刑事责任。

生产经营单位的主要负责人依照前款规定受刑事处罚或者撤职处分的,自刑罚执行完毕或者受处分之日起,五年内不得担任任何生产经营单位的主要负责人;对重大、特别重大生产安全事故负有责任的,终身不得担任本行业生产经营单位的主要负责人。

第九十五条 生产经营单位的主要负责人未履行本法规定的安全生产管理职责,导致发生生产安全事故的,由应急管理部门依照下列规定处以罚款:

(一)发生一般事故的,处上一年年收入百分之四十的罚款;

(二)发生较大事故的,处上一年年收入百分之六十的罚款;

(三)发生重大事故的,处上一年年收入百分之八十的罚款;

(四)发生特别重大事故的,处上一年年收入百分之一百的罚款。

第九十六条 生产经营单位的其他负责人和安全生产管理人员未履行本法规定的安全生产管理职责的,责令限期改正,处一万元以上三万元以下的罚款;导致发生生产安全事故的,暂停或者吊销其与安全生产有关的资格,并处上一年年收入百分之二十以上百分之五十以下的罚款;构成犯罪的,依照刑法有关规定追究刑事责任。

第九十七条 生产经营单位有下列行为之一的,责令限期改正,处十万元以下的罚款;逾期未改正的,责令停产停业整顿,并处十万元以上二十万元以下的罚款,对其直接负责的主管人员和其他直接责任人员处二万元以上五万元以下的罚款:

(一)未按照规定设置安全生产管理机构或者配备安全生产管理人员、注册安全工程师的;

(二)危险物品的生产、经营、储存、装卸单位以及矿山、金属冶炼、建筑施工、运输单位的主要负责人和安全生产管理人员未按照规定经考核合格的;

(三)未按照规定对从业人员、被派遣劳动者、实习学生进行安全生产教育和培训,或者未按照规定如实告知有关的安全生产事项的；

（四）未如实记录安全生产教育和培训情况的；

（五）未将事故隐患排查治理情况如实记录或者未向从业人员通报的；

（六）未按照规定制定生产安全事故应急救援预案或者未定期组织演练的；

（七）特种作业人员未按照规定经专门的安全作业培训并取得相应资格，上岗作业的。

第九十八条　生产经营单位有下列行为之一的，责令停止建设或者停产停业整顿，限期改正，并处十万元以上五十万元以下的罚款，对其直接负责的主管人员和其他直接责任人员处二万元以上五万元以下的罚款；逾期未改正的，处五十万元以上一百万元以下的罚款，对其直接负责的主管人员和其他直接责任人员处五万元以上十万元以下的罚款；构成犯罪的，依照刑法有关规定追究刑事责任：

（一）未按照规定对矿山、金属冶炼建设项目或者用于生产、储存、装卸危险物品的建设项目进行安全评价的；

（二）矿山、金属冶炼建设项目或者用于生产、储存、装卸危险物品的建设项目没有安全设施设计或者安全设施设计未按照规定报经有关部门审查同意的；

（三）矿山、金属冶炼建设项目或者用于生产、储存、装卸危险物品的建设项目的施工单位未按照批准的安全设施设计施工的；

（四）矿山、金属冶炼建设项目或者用于生产、储存、装卸危险物品的建设项目竣工投入生产或者使用前，安全设施未经验收合格的。

第九十九条　生产经营单位有下列行为之一的，责令限期改正，处五万元以下的罚款；逾期未改正的，处五万元以上二十万元以下的罚款，对其直接负责的主管人员和其他直接责任人员处一万元以上二万元以下的罚款；情节严重的，责令停产停业整顿；构成犯罪的，依照刑法有关规定追究刑事责任：

（一）未在有较大危险因素的生产经营场所和有关设施、设备上设置明显的安全警示标志的；

（二）安全设备的安装、使用、检测、改造和报废不符合国家标准或者行业标准的；

（三）未对安全设备进行经常性维护、保养和定期检测的；

（四）关闭、破坏直接关系生产安全的监控、报警、防护、救生设备、设施，或者篡改、隐瞒、销毁其相关数据、信息的；

（五）未为从业人员提供符合国家标准或者行业标准的劳动防护用品的；

（六）危险物品的容器、运输工具，以及涉及人身安全、危险性较大的海洋石油开采特种设备和矿山井下特种设备未经具有专业资质的机构检测、检验合格，取得安全使用证或者安全标志，投入使用的；

（七）使用应当淘汰的危及生产安全的工艺、设备的；

（八）餐饮等行业的生产经营单位使用燃气未安装可燃气体报警装置的。

第一百条　未经依法批准，擅自生产、经营、运输、储存、使用危险物品或者处置废弃危险物品的，依照有关危险物品安全管理的法律、行政法规的规定予以处罚；构成犯罪的，依照刑法有关规定追究刑事责任。

第一百零一条　生产经营单位有下列行为之一的，责令限期改正，处十万元以下的罚款；逾期未改正的，责令停产停业整顿，并处十万元以上二十万元以下的罚款，对其直负责的主管人员和其他直接责任人员处二万元以上五万元以下的罚款；构成犯罪的，依照刑法有关规定追究刑事责任：

（一）生产、经营、运输、储存、使用危险物品或者处置废弃危险物品，未建立专门安全管理制度、未采取可靠的安全措施的；

（二）对重大危险源未登记建档，未进行定期检测、评估、监控，未制定应急预案，或者未告知应急措施的；

（三）进行爆破、吊装、动火、临时用电以及国务院应急管理部门会同国务院有关部门规定的其他危险作业，未安排专门人员进行现场安全管理的；

（四）未建立安全风险分级管控制度或者未按照安全风险分级采取相应管控措施的；

（五）未建立事故隐患排查治理制度，或者重大事故隐患排查治理情况未按照规定报告的。

第一百零二条 生产经营单位未采取措施消除事故隐患的，责令立即消除或者限期消除，处五万元以下的罚款；生产经营单位拒不执行的，责令停产停业整顿，对其直接负责的主管人员和其他直接责任人员处五万元以上十万元以下的罚款；构成犯罪的，依照刑法有关规定追究刑事责任。

第一百零三条 生产经营单位将生产经营项目、场所、设备发包或者出租给不具备安全生产条件或者相应资质的单位或者个人的，责令限期改正，没收违法所得；违法所得十万元以上的，并处违法所得二倍以上五倍以下的罚款；没有违法所得或者违法所得不足十万元的，单处或者并处十万元以上二十万元以下的罚款；对其直接负责的主管人员和其他直接责任人员处一万元以上二万元以下的罚款；导致发生生产安全事故给他人造成损害的，与承包方、承租方承担连带赔偿责任。

生产经营单位未与承包单位、承租单位签订专门的安全生产管理协议或者未在承包合同、租赁合同中明确各自的安全生产管理职责，或者未对承包单位、承租单位的安全生产统一协调、管理的，责令限期改正，处五万元以下的罚款，对其直接负责的主管人员和其他直接责任人员处一万元以下的罚款；逾期未改正的，责令停产停业整顿。

矿山、金属冶炼建设项目和用于生产、储存、装卸危险物品的建设项目的施工单位未按照规定对施工项目进行安全管理的，责令限期改正，处十万元以下的罚款，对其直接负责的主管人员和其他直接责任人员处二万元以下的罚款；逾期未改正的，责令停产停业整顿。以上施工单位倒卖、出租、出借、挂靠或者以其他形式非法转让施工资质的，责令停产停业整顿，吊销资质证书，没收违法所得；违法所得十万元以上的，并处违法所得二倍以上五倍以下的罚款，没有违法所得或者违法所得不足十万元的，单处或者并处十万元以上二十万元以下的罚款；对其直接负责的主管人员和其他直接责任人员处五万元以上十万元以下的罚款；构成犯罪的，依照刑法有关规定追究刑事责任。

第一百零四条 两个以上生产经营单位在同一作业区域内进行可能危及对方安全生产的生产经营活动，未签订安全生产管理协议或者未指定专职安全生产管理人员进行安全检查与协调的，责令限期改正，处五万元以下的罚款，对其直接负责的主管人员和其他直接责任人员处一万元以下的罚款；逾期未改正的，责令停产停业。

第一百零五条 生产经营单位有下列行为之一的，责令限期改正，处五万元以下的罚款，对其直接负责的主管人员和其他直接责任人员处一万元以下的罚款；逾期未改正的，责令停产停业整顿；构成犯罪的，依照刑法有关规定追究刑事责任：

（一）生产、经营、储存、使用危险物品的车间、商店、仓库与员工宿舍在同一座建筑内，或者与员工宿舍的距离不符合安全要求的；

（二）生产经营场所和员工宿舍未设有符合紧急疏散需要、标志明显、保持畅通的出口、疏散通道，或者占用、锁闭、封堵生产经营场所或者员工宿舍出口、疏散通道的。

第一百零六条　生产经营单位与从业人员订立协议，免除或者减轻其对从业人员因生产安全事故伤亡依法应承担的责任的，该协议无效；对生产经营单位的主要负责人、个人经营的投资人处二万元以上十万元以下的罚款。

第一百零七条　生产经营单位的从业人员不落实岗位安全责任，不服从管理，违反安全生产规章制度或者操作规程的，由生产经营单位给予批评教育，依照有关规章制度给予处分；构成犯罪的，依照刑法有关规定追究刑事责任。

第一百零八条　违反本法规定，生产经营单位拒绝、阻碍负有安全生产监督管理职责的部门依法实施监督检查的，责令改正；拒不改正的，处二万元以上二十万元以下的罚款；对其直接负责的主管人员和其他直接责任人员处一万元以上二万元以下的罚款；构成犯罪的，依照刑法有关规定追究刑事责任。

第一百零九条　高危行业、领域的生产经营单位未按照国家规定投保安全生产责任保险的，责令限期改正，处五万元以上十万元以下的罚款；逾期未改正的，处十万元以上二十万元以下的罚款。

第一百一十条　生产经营单位的主要负责人在本单位发生生产安全事故时，不立即组织抢救或者在事故调查处理期间擅离职守或者逃匿的，给予降级、撤职的处分，并由应急管理部门处上一年年收入百分之六十至百分之一百的罚款；对逃匿的处十五日以下拘留；构成犯罪的，依照刑法有关规定追究刑事责任。

生产经营单位的主要负责人对生产安全事故隐瞒不报、谎报或者迟报的，依照前款规定处罚。

第一百一十一条　有关地方人民政府、负有安全生产监督管理职责的部门，对生产安全事故隐瞒不报、谎报或者迟报的，对直接负责的主管人员和其他直接责任人员依法给予处分；构成犯罪的，依照刑法有关规定追究刑事责任。

第一百一十二条　生产经营单位违反本法规定，被责令改正且受到罚款处罚，拒不改正的，负有安全生产监督管理职责的部门可以自作出责令改正之日的次日起，按照原处罚数额按日连续处罚。

第一百一十三条　生产经营单位存在下列情形之一的，负有安全生产监督管理职责的部门应当提请地方人民政府予以关闭，有关部门应当依法吊销其有关证照。生产经营单位主要负责人五年内不得担任任何生产经营单位的主要负责人；情节严重的，终身不得担任本行业生产经营单位的主要负责人：

（一）存在重大事故隐患，一百八十日内三次或者一年内四次受到本法规定的行政处罚的；

（二）经停产停业整顿，仍不具备法律、行政法规和国家标准或者行业标准规定的安全生产条件的；

（三）不具备法律、行政法规和国家标准或者行业标准规定的安全生产条件，导致发生重大、特别重大生产安全事故的；

（四）拒不执行负有安全生产监督管理职责的部门作出的停产停业整顿决定的。

第一百一十四条 发生生产安全事故，对负有责任的生产经营单位除要求其依法承担相应的赔偿等责任外，由应急管理部门依照下列规定处以罚款：

（一）发生一般事故的，处三十万元以上一百万元以下的罚款；

（二）发生较大事故的，处一百万元以上二百万元以下的罚款；

（三）发生重大事故的，处二百万元以上一千万元以下的罚款；

（四）发生特别重大事故的，处一千万元以上二千万元以下的罚款。

发生生产安全事故，情节特别严重、影响特别恶劣的，应急管理部门可以按照前款罚款数额的二倍以上五倍以下对负有责任的生产经营单位处以罚款。

第一百一十五条 本法规定的行政处罚，由应急管理部门和其他负有安全生产监督管理职责的部门按照职责分工决定；其中，根据本法第九十五条、第一百一十条、第一百一十四条的规定应当给予民航、铁路、电力行业的生产经营单位及其主要负责人行政处罚的，也可以由主管的负有安全生产监督管理职责的部门进行处罚。予以关闭的行政处罚，由负有安全生产监督管理职责的部门报请县级以上人民政府按照国务院规定的权限决定；给予拘留的行政处罚，由公安机关依照治安管理处罚的规定决定。

第一百一十六条 生产经营单位发生生产安全事故造成人员伤亡、他人财产损失的，应当依法承担赔偿责任；拒不承担或者其负责人逃匿的，由人民法院依法强制执行。

生产安全事故的责任人未依法承担赔偿责任，经人民法院依法采取执行措施后，仍不能对受害人给予足额赔偿的，应当继续履行赔偿义务；受害人发现责任人有其他财产的，可以随时请求人民法院执行。

第七章 附 则

第一百一十七条 本法下列用语的含义：

危险物品，是指易燃易爆物品、危险化学品、放射性物品等能够危及人身安全和财产安全的物品。

重大危险源，是指长期地或者临时地生产、搬运、使用或者储存危险物品，且危险物品的数量等于或者超过临界量的单元（包括场所和设施）。

第一百一十八条 本法规定的生产安全一般事故、较大事故、重大事故、特别重大事故的划分标准由国务院规定。

国务院应急管理部门和其他负有安全生产监督管理职责的部门应当根据各自的职责分工，制定相关行业、领域重大危险源的辨识标准和重大事故隐患的判定标准。

第一百一十九条 本法自2002年11月1日起施行。

中华人民共和国职业病防治法（2018版）

参 考 文 献

[1] 闪淳昌. 建设项目（工程）劳动安全卫生预评价指南. 大连：大连海事大学出版社，1999.
[2] 刘景良. 化工安全技术与环境保护. 北京：化学工业出版社，2012.
[3] 中国石油化工集团公司职业技能鉴定指导中心. 加氢裂化装置操作工. 北京：中国石化出版社，2006.
[4] 杨泗霖. 防火与防爆. 北京：首都经济贸易大学出版社，2000.
[5] 余经海. 化工安全技术基础. 北京：化学工业出版社，1999.
[6] 陈莹. 工业防火与防爆. 北京：中国劳动出版社，1994.
[7] 中国安全生产科学研究院组织编写. 2005年度注册安全工程师继续教育教程. 北京：中国劳动社会保障出版社，2005.
[8] 朱兆华. 典型事故技术评析. 北京：化学工业出版社，2007.
[9] 路安华. 企业安全教育培训题库. 北京：化学工业出版社，2005.
[10] 张荣. 危险化学品安全技术. 第2版. 北京：化学工业出版社，2016.
[11] 韩世奇，韩燕晖. 危险化学品生产安全与应急救援. 北京：化学工业出版社，2008.
[12] 孙玉叶. 化工安全技术与职业健康. 第3版. 北京：化学工业出版社，2021.
[13] 王德堂，孙玉叶. 化工安全生产技术. 天津：天津大学出版社，2009.
[14] GB 18218—2018 危险化学品重大危险源辨识.